Wahre Schätze

Die Rosenfeld Collection im Mystic Seaport Museum gilt als die größte Sammlung maritimer Fotografie in den USA. Bis heute ist sie eine wichtige Quelle für die alten Designs.

VORWORT	4	Lasse Johannsen
WILLIAM FIFE & SONS	6	Erdmann Braschos
GEORGE LENNOX WATSON	14	Dieter Loibner
ALFRED MYLNE	22	Erdmann Braschos
FASZINATION FORM	32	Juliane Hempel
GUSTAF ESTLANDER	42	Magnus Swahn
MAX OERTZ	54	Erdmann Braschos
NATHANAEL HERRESHOFF	64	Dieter Loibner
STARLING BURGESS	76	Dieter Loibner
HISTORISCHES KONSTRUIEREN	84	Lasse Johannsen
JOHAN ANKER	90	Dieter Loibner
HEINRICH GRUBER	100	Erdmann Braschos
KURT OEHLMANN	108	Lasse Johannsen
KNUD REIMERS	118	Erdmann Braschos
MANFRED CURRY	124	Carsten Kemmling
OLIN STEPHENS	130	Dieter Loibner
TORE HOLM	140	Tapani Koskela
KARL VERTENS	150	Dieter Loibner

VORWORT

Die Konstruktion von Yachten hatte, als sie noch nicht am Bildschirm stattfand, viel mit dem schöpferischen Prozess von Kunstwerken gemeinsam. Sie war Handarbeit bis ins letzte Detail, erforderte Erfahrung und Vorstellungskraft, und es galt die Prämisse, dass nur schön segelt, was auch wirklich schön ist.

Zugegeben, schon immer gab es unterschiedliche Auffassungen davon, was das heißt. Und schon immer gab es experimentierfreudige Konstrukteure, die es wagten, Tabus zu brechen und neue Wege zu gehen. Die Erscheinung mancher Yacht, die wir heute als zeitlos bezeichnen würden, traf zu Zeiten ihrer Entstehung nicht den Geschmack der breiten Masse.

Immer aber drückte sich in einer handgemachten Konstruktion trotz aller Vorgaben ganz wesentlich auch ihr Urheber aus, der, meist am Reißbrett, mit Kurvenlinealen oder Bleienten und Straklatten zu Papier brachte, was er erdacht und errechnet hatte. Denn der Prozess, die durch Formeln gegebenen Größen, die Vorstellungen des Eigners und die eigenen ästhetischen Ansprüche miteinander in Einklang zu bringen, blieb allein dem Designer und seiner Intuition überlassen.

Das erforderte besondere Fähigkeiten, und vielleicht brachte es auch eine besondere Spezies Mensch hervor. Den meisten der großen Yachtkonstrukteure wird ein Genius nachgesagt, der bisweilen das gewöhnliche Können übertraf. Viele sind darüber hinaus als exzentrisch in Erinnerung geblieben, fast alle als durchsetzungsstark, wenn es darum ging, den Auftraggeber von der Richtigkeit ihres Tuns zu überzeugen.

Und das waren in den Anfängen des Segelsports nicht selten einflussreiche Männer aus Industrie und Politik, bis hin zu gekrönten Häuptern, Menschen also, mit denen es sich nicht verderben sollte, wer beruflich erfolgreich bleiben wollte.

Doch der Erfolg eines Yachtdesigners wurde schließlich immer schon vor allem anderen am Regattasilber gemessen, das mit seinen Konstruktionen eingefahren wurde. Und nicht selten ging der Ehrgeiz dabei so weit, dass die Meister selbst an der Pinne saßen, um diesen Erfolg zu etablieren.

Seit das Magazin YACHT classic 2006 vom Stapel lief, wurden darin in unregelmäßigen Abständen viele der Größten ihres Fachs porträtiert. Bei der Zusammenstellung der lesenswertesten Geschichten über sie haben wir bewusst darauf verzichtet, eine gemeinsame Kategorie zu finden und uns etwa nur auf die heimischen oder jene Yachtdesigner einer bestimmten Ära zu beschränken.

Dieses Buch ist vielmehr eine Zusammenstellung der eindrucksvollsten Porträts international erfolgreicher Konstrukteure aus der Zeit der Handarbeit am Zeichentisch. Es erhebt keinen Anspruch auf Vollständigkeit. Doch es soll an die Väter der Yachten erinnern, die wir heute als Klassiker wertschätzen. Und eine Verneigung sein vor ihrem Können, einem Können, das heute in dieser Form nicht mehr gefragt ist. Anders als die Yachten, die es hervorbrachte und die an ihre geistigen Urheber erinnern, solange sie segeln.

„Corinthian"
Der Gaffelkutter von 1911 ist ein Exemplar der von Nathanael Greene Herreshoff konstruierten P-Klasse und wird bis heute, frisch restauriert, aktiv auf Regatten gesegelt.

P
5
9
2

MOONBEAM
Wm FIFE 1903

MAGIER

William Fife und Söhne verzauberten die Yachtwelt. Über Generationen. Mit Schiffen, wie gemacht für die Ewigkeit.

E

Eine Zeile dreistöckiger Häuser an einer kleinen Bucht in der Grafschaft Ayrshire im Südwesten Schottlands. Die alten Gebäude am nördlichen Ende sind aus grauen, bemoosten Steinen. Daneben neue aus den 80er-Jahren in moderner Allerweltsarchitektur, pflegeleicht in Eierschalenfarbe, mattem Ocker, fahlem Rosa, Gelb oder Hellblau verputzt. Davor ein flacher Sandstrand, wenige Hundert Meter lang. Es ist auflaufendes Wasser, und die Tide hat etwa die Hälfte ihres üblichen Drei-Meter-Hubs zurückgelegt. Ein frischer Südwestwind lässt kleine Wogen am Ufer nippen.

Ein Wochentag am Firth of Clyde. Der Himmel ein verwaschenes Grau tiefer Wolken, mit einem Schimmer Hoffnung auf die Sensation leuchtenden Schottlandgrüns auf den Hügeln ringsum. Windjacken- und Kapuzenwetter. Es regnet leicht. Die Einheimischen sind entweder bei der Arbeit oder haben sich mit einer Tasse Tee zurückgezogen. Es ist eine Szenerie von ausgesuchter Stille, von Leere. Als sei es nie anders gewesen an diesem Ort.

Doch der Eindruck trügt. Dort, wo die neuen Häuser mit ihren getönten Scheiben und Rauchglasbalkons gen Fairlie Roads weisen, wie die Reede der Bucht heißt, und in Richtung der kleinen Insel Cumbrae, entstanden einst die Erzeugnisse der Bootsbauerfamilie William Fife & Sons. Drei Männer waren es, drei Generationen, die den schottischen Yachtbau weltweit zum Begriff machten.

Etwa hundert Schritte über den feinsandigen Strand sind es vom Ende der alten Häuserzeile bis zum molenartigen Fundament, wo einst die größte Werfthalle stand. Auf diesem Strandabschnitt liefen zwischen 1807 und 1938 insgesamt 800 Yachten vom Stapel. Vom Kutter *Comet* bis zum Zwölfer *Flica II*. Regattaboote meist und Fahrtenschiffe, die über ein Jahrhundert das Beste des Bootsbaus verkörperten und heute eine beinahe bodenlose Wertschätzung genießen.

Es war ein weiter Weg dahin. Und ein weiter Weg zum Wasser. Genau genommen eignete sich Fairlie, 32 Meilen südwestlich von Glasgow gelegen, überhaupt nicht als Standort für eine Werft. Denn die Bucht ist viel zu flach. Erst nach etwa 500 Metern bietet sie drei Meter Wasser. Etliche große Boote von Fife hatten mehr Tiefgang und mussten folglich andernorts gebaut werden. *Shamrock* etwa, die Yacht, welche Sir Thomas Lipton 1899 für seine erste von insgesamt fünf America's-Cup-Herausforderungen orderte. Doch entstanden noch genug Kaventsmänner auf der Helling am Clyde. Stolze Schiffe wie *Moonbeam IV*, 23-mR-Yachten wie *Cambria*, 19er wie *Corona*. Man muss sich allerdings schon ganz sicher sein, dass es tatsächlich genau hier war, um es zu glauben.

Viele Spuren sind nicht geblieben von dieser einzigartigen Ära. Unweit der Bay Street stehen noch Reste des einstigen Mastenkrans. Die meisten Fife-Yachten wurden direkt vor der Werfthalle geriggt, am Strand aufgepallt, bereit zum Stapellauf. Vor einer Betonbrüstung weisen zwei Fundamente auf das Portal hin, das zur größten Werfthalle gehörte. Viel mehr ist nicht zu sehen heute – hundert Jahre nach der Blütezeit einer Dynastie, die als »Fife of Fairlie« weltweit zum Begriff geworden ist. Auch zum Inbegriff für diesen stillen, kleinen Ort, mit dem sie einmal untrennbar verschmolzen war.

„Moonbeam III"
Der elegante Gaffelkutter von 1903, dessen Ruder mit diesem Speichenrad bewegt wird, gilt manchem Kenner als das schönste Design des Begründers der schottischen Konstrukteurs-Dynastie.

Warum hier? Wie kam es, dass ausgerechnet in diesem bisweilen sehr unwirtlichen Winkel des britischen Königreichs die Wiege des Segelsports stand? An einem trichterförmigen, nach Südwesten in die Irische See übergehenden Meeresarm, der in der Einflugschneise atlantischer Tiefdruckgebiete liegt? Und warum ist, außer den noch erhaltenen, teils mit großer Liebe nachgebauten Yachten, nahezu nichts geblieben von dieser Hochzeit?

Wie so oft ist dies eine Geschichte, gleichermaßen geprägt von Zufall wie Zwangsläufigkeit. So unabdingbar, wie Wasser zum Segeln ist, braucht hervorragender Bootsbau großzügige Vermögensverhältnisse und Müßiggang. All das war im Schottland des 18. und 19. Jahrhunderts reichlich vorhanden. In der 1837 beginnenden viktorianischen Ära gelangt Großbritannien mit dem Im- und Export von Waren zu Reichtum. Glasgow wird neben London zum wichtigsten Tor zur Welt. Es ist Hauptumschlagplatz für Tabak, Baumwolle und Zucker. Die Stadt am Clyde wächst zur viertgrößten europäischen Metropole, nach London, Paris und Berlin. Die Förderung von Kohle und Eisenerz im Süden der Stadt, Baumwollverarbeitung und Textilwebereien, der Schiffbau und viele damit zusammenhängende Branchen entwickeln sich rasant.

In »Song of the Clyde. A History of Clyde Shipbuilding« dokumentiert der Industrie- und Schiffbauhistoriker Fred Walker für die damalige Zeit die Existenz von 392 Werften, fast alle im kommerziellen Bootsbau tätig. Der alteste Schlepptank der Welt wird 1840 in Dunbarton gegründet. Das schafft den Nährboden, auf dem William Fife & Sons dereinst prosperieren werden. Wirtschaftlicher Wohlstand, verbunden mit handwerklicher Finesse und technologischer Führerschaft.

Geschäftlich erfolgreiche Unternehmer und Kaufleute kultivieren ihre Lebensart nicht allein mit der Errichtung repräsentativer Residenzen am Meer oder mit ansehnlichen Kunstsammlungen. Sie takeln ähnlich wie der Adel auf, gehen mit schnellen Yachten segeln und treffen sich in vornehmen Clubs. So beginnt auch die steile Karriere des gebürtigen Iren Thomas Lipton. In Glasgow eröffnet der spätere Teebaron seinen ersten Lebensmittelladen und startet einen gesellschaftlichen Aufstieg, der ihn Ende des 19. Jahrhunderts zum Fife-Kunden machen wird. Wer kann, lässt den Schmutz und die Enge Glasgows hinter sich, lebt am Firth of Clyde, wo die unterhaltsame Beschäftigung mit Wind und Wellen an Bord schneller Regattaboote zum Lifestyle gehört.

Auch der erste William Fyfe (1785–1865) erliegt der Liebe zum Wasser. Er stammt aus einer Wagenbauerfamilie und schreibt sich noch mit Ypsilon. Nur aus Neigung, nicht drängender Nachfrage wegen, versucht er sich am Strand von Fairlie im Bootsbau, vermutlich 1803. Fyfe ist schon als kleiner Junge fasziniert von allem, was schwimmt. Er spricht mit Fischern, treibt sich in Häfen herum, rudert zu den Booten hinaus. Und er möchte etwas anderes machen als sein Vater, will auf eigene Rechnung arbeiten. Das versteht sein Förderer James Smith of Jordanhill, der bei ihm 1807 *Comet* ordert, einen kleinen Kutter – die erste dokumentierte Auftragsarbeit des frühen Fyfe.

Smith bestellt wenig später eine weitere Yacht beim »alten Wull«, wie er ihn freundschaftlich nennt. 1812 läuft in Fairlie der 50-Tonnen-Kutter *Lamlash* vom Stapel, die bis dato größte Segelyacht am Clyde. Sie gehört James Hamilton, der einmal Commodore des Royal Northern Yacht Club werden soll. *Lamlashs* Schanz ist von Kanonenpforten unterbrochen, denn während langer Törns, die sie bis ins Mittelmeer führen, ist gelegentlich entschlossene Selbstverteidigung gefragt – Segeln als eine Mischung aus Abenteurertum und exzentrischem Müßiggang.

Fyfe erwirbt sich mit seinen Entwürfen, zu denen auch ein Raddampfer und einige Fischerboote zählen, schnell einen erstklassigen Ruf. Sie sind nicht nur schön anzuschauen, sondern auch von hoher Haltbarkeit. 1822 studiert er David Steels Standardwerk »Naval Architecture«, das erste Lehrbuch dieser Art. Es bedeutet ihm derart viel, dass er die Geburtstage seiner Kinder vorn im Buchdeckel notiert. Dieser Brauch ist sonst bei Familienbibeln üblich.

„Moonbeam III"
Die klassische Yacht segelt heute noch im Bestzustand auf den Regatten am Mittelmeer auf die vorderen Plätze und ist in der Szene bekannt als „Moonbeam of Fife".

D
10

„The Lady Anne“
Die nach der Meterformel vermessene 15-mR-Yacht wurde 1912 von William Fife III konstruiert und auf seiner Werft aus Teakholzplanken auf Stahlspanten gebaut.

Sein Interesse grenzt an Monomanie. »Man muss nur in die Werft gehen und mit William ins Gespräch kommen«, schreibt ein Zeitgenosse. »Er wird dort mit dem Werkzeug in der Hand stehen, stets bei der Arbeit. Es nimmt einen Wunder, wie viel Können, Wissen und Talent unter dem alten Kittel und der groben Art verborgen sind, denn dieser großartige Kerl verschwendet nichts von seiner unbezähmbaren Energie an geschliffene Umgangsformen.«

Ungeachtet seines Einsatzes lohnt sich der Betrieb für den ersten Fyfe kaum. Er ernährt mit Ach und Krach die wachsende Familie, die sich auch mit Nebenjobs wie dem damals in Schottland üblichen Schmuggel über Wasser hält. Als er die Werft 1839 an seinen Stammhalter gleichen Namens übergibt, sind am Strand von Fairlie ganze zehn Schiffe entstanden. Der Fortbestand ist eher schottischer Sturheit als nüchternem Kalkül zu verdanken.

Erst William Fife II (1821–1902) macht aus der Familienfirma eine Familiensaga. Wie sein Vater hat er das Handwerk von klein auf gelernt. Wie dieser gilt er als Perfektionist. Murks wie ungenau gehobelte Spanten lässt er sofort ersetzen. Spaltmaße im Ausbau überprüft er mit einer Münze; bei zu großen Toleranzen heißt es für den zuständigen Tischler nacharbeiten. »Er führte mit harter Hand«, weiß May Fife McCallum, Großnichte von William Fife III, die im Archiv des Scottish Maritime Museum den Nachlass ihrer Vorväter verwahrt. »Aber er war auch umgänglich und fair gegenüber seinen Bootsbauern. Zeitlebens blieb er ein bescheidener Mann.«

Der Präzision seiner Produkte ist sich Fife derart sicher, dass er seinen Kunden verspricht, sie würden keine Tasse Wasser in der Bilge finden. Aus den ehedem kruden Rümpfen mit reichlich Kalfat entwickelt er wahre Meisterstücke: Fugenlos fügen sich die Plankengänge zusammen, gedichtet mittels feiner Baumwollfäden, die in einer nur millimeterschmalen Falz liegen.

Schnell sind die Konstruktionen obendrein. 1865 läuft mit *Fiona* ein 80-Tonnen-Rennkutter vom Stapel, der mit sechs Queens-Cup-Siegen und drei Albert-Pokalen Regattageschichte schreibt. Von da an muss sich Fife um den Betrieb kaum Gedanken machen. Die Werft wird zum Hoflieferanten des viktorianischen Yachtsports. Und weit darüber hinaus.

William Fife III, der Kreativste und Erfolgreichste aus der Clyde-Dynastie, bemüht sich gezielt um Kontakte in die Staaten und nach Kanada. Er führt das Unternehmen, das längst international bekannt ist, vom 19. ins 20. Jahrhundert. Und er gilt vielen als der Einzige, der es an Bedeutung mit den Rivalen aus der Neuen Welt, allen voran Nathanael G. Herreshoff, aufnehmen kann. *Shamrock*, *Moonbeam, Sumurun*, *Mariquita*, *The Lady Anne* oder *Halloween* künden von dieser Zeit, allesamt große, komplexe, teils bis heute erhaltene Yachten. Und natürlich *Altaïr*, der von Albert Obrist makellos restaurierte Fahrtenschoner.

Doch Fife muss auch Rückschläge einstecken. Nie reüssiert er im America's Cup. Und auch in den großen Meterklassen unterliegt er zunehmend den methodischer arbeitenden Konkurrenten wie Alfred Mylne, Johan Anker, Charles Nicholson und Olin Stephens, die mehr auf Wissenschaft bauen als auf Intuition. So wird es ruhiger auf den Fairlie Roads. Vorbei die Zeiten, als man sonntags vor der Messe noch am Strand vorbeischlenderte, um neue Yachten zu bestaunen. 1944 stirbt William Fife III kinderlos, die Werft wird verkauft. 40 Jahre später planieren Bagger die Stätte, die den Yachtbau dominiert hat wie keine zuvor und danach. Selbst das Mudhook Inn schloss neulich, die Kneipe an der Bay Street. Nur ein altes Schild kündet noch von besseren Zeiten am Clyde.

„Mariquita"
Die einzige überlebende 19-Meter-Rennyacht ist heute eine der größten Attraktionen, wo auch immer sie auftaucht. Sie wurde 1911 von William Fife II konstruiert und gebaut.

DAS GENIE AUS GLASGOW

George Lennox Watson war seiner Zeit stets voraus. Mit Innovationsgeist und Kalkül schuf er die schnellsten Yachten.

Mitte des 19. Jahrhunderts war Yachtdesign noch eine Sache des Gefühls. Doch George Lennox Watson, Schiffbauingenieur aus Glasgow, nutzte als Erster wissenschaftliche Methoden, um das Geschwindigkeitspotenzial einer Konstruktion vorauszuberechnen. Damit und mit seinen unkonventionellen Ideen revolutionierte er das Genre und entwarf dominante Segelyachten wie die legendäre *Britannia*. Jahrelang war sie das Maß der Dinge, was Kaiser Wilhelm II. so sehr beeindruckte, dass er bei Watson *Meteor II* in Auftrag gab.

Man schrieb den August 1895, als der Glasgower Konstrukteur George Lennox Watson nach New York reiste, um den dritten von ihm entworfenen America's-Cup-Herausforderer *Valkyrie III* gegen den US-Verteidiger *Defender* von Herreshoff segeln zu sehen. Der Schotte war damals so hoch angesehen, dass Lord Dunraven, der Leiter des englischen Cup-Syndikats, ihn ganz selbstverständlich zum Chefkonstrukteur ernannt hatte. Auch wenn *Valkyrie III* den Cup nicht zu holen vermochte, kehrte Watson mit vier Bestellungen amerikanischer Millionäre für opulente Segel- und Dampfyachten heim, die allesamt am Clyde gebaut wurden.

Wie gelangte der Schotte in diese beneidenswerte Position? Geboren wurde Watson 1851 in Glasgow als Sohn eines bekannten Arztes und Nachfahre des großen Baumwollfabrikanten J & J Coats. Diese Herkunft war für seine spätere Karriere äußerst nützlich: Watson war dadurch in besseren Kreisen gut eingeführt; außerdem zählten etliche Mitglieder der Coats-Familie zu seinen Stammkunden. Mitte des 19. Jahrhunderts war die Gegend um Glasgow und den Clyde eine treibende Kraft der schottischen Wirtschaft und eines der internationalen Zentren für Schiffbau. Der Yachtsport befand sich im Aufwind, weil viele Industrielle ihre Freizeit auf dem Wasser verbrachten. So konnten sie ihren Reichtum zur Schau stellen.

Als angehender Schiffbauingenieur genoss Watson eine ausgezeichnete Ausbildung bei zwei der führenden Werften am Clyde: Napier und Inglis. Alle Betriebe der damaligen Zeit hatten Probleme, beim Angebot für einen Bauauftrag das maximale Geschwindigkeitspotenzial ihrer Konstruktionen genau vorherzusagen. Für Bruch oder Nichterfüllung drohten hohe Vertragsstrafen. Deshalb arbeiteten sowohl Napier als auch Inglis sehr eng mit der Glasgow University zusammen und ließen sich von William Froude beraten, einem englischen Hydrodynamik-Pionier.

Von Anfang an fand sich Watson also an der Spitze einer Entwicklung, die mithalf, Schiffsrümpfe effizienter durchs Wasser gleiten zu lassen. Und er stellte schnell fest, dass diese Erkenntnisse auch auf Yachten übertragbar waren. Darin sah er seine Chance. Statt eine aussichtsreiche Laufbahn im Schiffbau zu verfolgen, gründete er um 1872 das erste unabhängige Büro für Yachtdesign.

Bis dahin gab es diese Trennung nicht. Alle Bootsbauer waren auch Konstrukteure, wie zum Beispiel der berühmte William Fife. Sie arbeiteten bei ihren Entwürfen intuitiv, nach einer Art Daumenregel, bei der eine neue Konstruktion stets auf dem Erfolg der vorangegangenen basierte. Dies funktionierte problemlos für kleinere Klassen: Je mehr Boote pro Jahr gebaut wurden, desto höher die Chance,

G. L. Watson
Der Schotte zählte zu den schillerndsten Konstrukteuren seiner Zeit, nicht nur im Kampf um den prestigeträchtigen America's Cup.

An Deck
Watson während einer Regatta auf dem River Clyde an Bord des Schoners „Gleniffer", der 1899 nach seiner Konstruktion bei D & W Henderson & Co. in Glasgow gebaut worden ist.

auch ein Siegerschiff dabeizuhaben. Doch als die Yachten größer wurden, waren Eigner nicht mehr gewillt, teure Fehlkonstruktionen in Kauf zu nehmen. Außerdem ließ intuitives Design wenig Spielraum für Innovation. Die Boote der frühen 1870er-Jahre sahen ihren Vorgängern aus den 1850ern ziemlich ähnlich.

Watson sollte all das grundlegend ändern. Seine erste Überraschung präsentierte er 1871 mit dem Fünftonner *Peg Woffington*, sozusagen sein Gesellenstück. Wesentlich breiter als andere, hatte diese Yacht erstmals den gesamten Ballast außen im Kiel. Bis dahin führten Boote ihren Ballast in der Bilge; ihr hölzernes Kielschwein war zu schmal, um mehr als nur ein kleines Stück Blei oder Eisen darunterzubolzen. *Pegs* Kielschwein dagegen war deutlich breiter und schuf so eine sichere Struktur für die Kielbolzen, was auch deren Belastung beim Krängen verringerte. Ein weiterer Durchbruch lag darin, dass sich der Kiel auf diese Art völlig in die Rumpfform integrieren ließ. Das Konzept kam schnell in Mode, und die Presse witzelte, Watson sei der Erfinder der »Blei-Ära«.

Sein nächster Streich war *Clotilde*, die eine andere wichtige Entwicklung brachte. Bis dahin war der Steven mehr oder weniger lotrecht. Man glaubte, eine Yacht brauche einen langen Vorfuß, um den Bug bei viel Wind nach Luv zu bringen. Watson hingegen reduzierte den Vorfuß versuchsweise und damit auch die benetzte Fläche. *Clotilde* erwies sich als durchschlagender Erfolg. Sie segelte Kreise um *Pearl*, einen Fünftonner von Fife, der bis dahin am Clyde ungeschlagen gewesen war.

Auf diesen Durchbrüchen gründete Watsons goldene Zukunft als Yachtkonstrukteur. In den folgenden Entwürfen reduzierte er den Vorfuß immer mehr und produzierte so immer schnellere Yachten. Um Watsons nächstem Fünftonner *Vril* (1876) die Stirn zu bieten, entwarf William Fife Sr. *Camellia*, die gleich beim ersten Aufeinandertreffen bei Starkwind und bösem Seegang 27 Minuten auf *Vril* verlor.

Fife verstand sehr gut, weshalb Watson so erfolgreich war, und schickte seinen Sohn zur Fullerton-Werft in Paisley, sodass auch er in den Genuss einer Ausbildung als Schiffbauingenieur käme. Stillschweigend akzeptierte der Meister also, dass sich die Zeiten geändert hatten. Weil Watson es vorzüglich verstand, Lücken in den Vermessungsregeln auszunutzen, um mehr unvermessene Wasserlinienlänge zu gewinnen, kamen nun auch Eigner erfolgloser Yachten zu ihm und gaben Verbesserungen in Auftrag.

Im Jahr 1880 brachte Watson dann *Vanduara,* seinen ersten Kutter der Big Class. Der schottische Eigner trat mit dem Stahlschiff bei englischen Regatten an, wo er auf Konstruktionen von namhaften Architekten wie Nicholson, Ratsey, Harvey und Richardson traf. *Vanduara* fegte alle weg. Sie wurde zum Darling der Presse, die sie abwechselnd als »Schönheit mit stählernen Brüsten«, »Königin der Sommersee« oder »Schottisches Wunder« pries.

Auch in Amerika machte sich Watsons Einfluss bemerkbar. 1879 entwarf er den Zehntonner *Madge* für James Coats Jr., der gleich im ersten Jahr schottischer Meister wurde und im Jahr darauf in England abräumte. Auf der Suche nach stärkerer Konkurrenz forderte Coats Segler aus New York zu einer Regattaserie heraus. Vier von ihnen schlug er locker; nur gegen das Herreshoff-Design *Shadow* setzte es in der ersten Wettfahrt eine Niederlage, die er aber in der nächsten mit einem überlegenen Sieg nach berechneter Zeit ausbügeln konnte. Der erfolgreiche Auftritt von *Madge* gab den amerikanischen »Cutter-Cranks« Rückenwind, die sich für die Rumpfform der britischen Kutter starkmachten, die von geringer Breite und einem tiefgehenden Kiel gekennzeichnet war – ein Kontrast zu den breiten amerikanischen Slups, die mit wenig Tiefgang segelten. Dieser Einfluss machte sich bei den Entwürfen von Herreshoff und Burgess bemerkbar, die Hybrid-Versionen produzierten: immer noch sehr breit, aber nun mit tieferem Kiel.

Watsons nächster Entwicklungsschritt war der radikale Fünftonner *Doris* (1885), mit Planken auf Stoß und nur 1,70 Meter Breite bei einer Wasserlinie von 10,20 Meter. Um die 156 Quadratmeter Segelfläche am Wind zu halten, waren 12,55 Tonnen Ballast nötig. Ein radikaler Entwurf, der sich auf dem Wasser als unschlagbar erwies. Zu dieser Zeit produzierte die Thames Measurement Rule Extremkonstruktionen, die nach kurzen Regattajahren fürs einfache Tourensegeln untauglich waren. Deshalb führte die Yacht Racing Association die sogenannte Length and Sail Area Rule ein, die Breite nicht mehr bestrafte.

Im Jahr 1887 reichten die Schotten eine Herausforderung für den America's Cup ein. Watson zeichnete *Thistle*, die die neuen Vermessungsregeln ausnutzte und deutlich breiter geriet. Der augenfälligste Unterschied zu früher war aber der Clipper-Bug, der zur Reduktion des Vorfußes beitrug. Obwohl sie Englands schnellster Kutter war, litt sie unter mangelnder Vorbereitung, Segeln, die ihre Form nicht hielten, sowie einigen katastrophalen taktischen Entscheidungen.

Nach dem Cup kaufte Kaiser Wilhelm II. *Thistle*. Auf Empfehlung Watsons erhielt sie ein leichteres Rigg, aber auch mehr Gewicht im Kiel. Als *Meteor* beschloss sie die englische Regattasaison von 1892 auf dem zweiten Platz. Mehr noch: Damit verlieh der Kaiser der maroden Big Class neue Impulse. Watson konnte sich über drei Großaufträge aus Deutschland freuen: Prinz Heinrich von Preußen bestellte den 40-Rater *Irene*, Heinrich von Battenberg und der Kaiser orderten die 20-Rater *Asphodel* und *Vineta*. Eine weitere Neuerung etablierte der schottische Konstrukteur 1891 mit dem 10-Rater *Dora*. Sie bekam einen semi-elliptischen Bug, der es erlaubte, die Rumpflinien bis zum Steven durchzuziehen und damit mehr Auftrieb vorn zu erzielen als bei einem Hohlbug. Das reduzierte die Stampfbewegung, weil der neue Bug über die Wellen segelte statt durch sie hindurch. Diese Rumpfform sollte bis in die 1960er-Jahre Verwendung finden. *Dora* war also innovativer als Herreshoffs gefeierte *Gloriana* (ebenfalls 1891).

Zwei Jahre später, 1893, erreichte Watsons Schaffen seinen Höhepunkt. Er konstruierte gleich zwei Big-Class-Kutter: *Britannia* für den Prinz von Wales und *Valkyrie II* für Lord Dunraven, der mit ihr eine America's-Cup-Herausforderung plante. *Britannia*, die etwas größer war, sollte die erfolgreichste britische Yacht aller Zeiten werden. Sie schlug die drei anderen Rennkutter, die damals ebenfalls neu gebaut wurden. Besonders bedeutend waren ihre Siege in heimischen Gewässern gegen Herreshoffs Big-Class-Yachten *Navahoe* 1893 und die America's-Cup-Siegerin *Vigilant* 1894. Durch *Britannias* Überlegenheit war Watson bis zu seinem Tod 1904 der führende Konstrukteur für die Big Class. Wer schnell sein wollte, kam zu ihm.

Die britische Presse pries Watsons Konstruktion als »Königin der Sommersee«.

Nachdem *Britannia* des Kaisers *Meteor* das Rampenlicht gestohlen hatte, erteilte Wilhelm II. Watson den Auftrag für ein Schiff, das die britische Yacht schlagen konnte. Irgendwie nahm dieser Wunsch das Flotten-Wettrüsten der beiden Länder vor dem Ersten Weltkrieg vorweg. Watson geriet dadurch in eine schwierige Position. Andererseits war der Kaiser als Kunde gut fürs Renommee. Als Kompromiss schlug ihm Watson vor, mit dem Bau eines neuen Big-Class-Kutters zu warten, bis neue Vermessungsregeln in Kraft treten würden. So könne er überlegen, welche Änderung der Rumpfform diese Regeln notwendig machten, um den Erfolg zu garantieren. Diese Verzögerung erlaubte es *Britannia* bis 1895, uneingeschränkt zu herrschen. Im Jahr 1896 wurde dann endlich *Meteor II* gewassert, die *Britannia* vorführte und die Regatten in England dominierte. Sehr zum Vergnügen des Kaisers.

Wenig später zeigte sich Wilhelm II. vom Watson-Schoner *Rainbow* beeindruckt, der in Kiel alle Wettfahrten gewonnen hatte. Er beschloss, die Kutter Kutter sein zu lassen, und gab fortan immer größere Schoner in Auftrag. Damit brach in Europa das goldene Zeitalter dieser Klasse an, das bis zum Ausbruch des Ersten Weltkriegs dauerte.

Im Jahr 1900 begann Watson mit Tanktests für verschiedene Designversionen der *Shamrock II* bei Denny's in Dumbarton. Eine weitere Pioniertat. Fife sollte später *Shamrock III* im selben Tank testen. Die Widerstandskurven für *Shamrock II*, *Valkyrie III* und *Shamrock I*, die Fife als Vergleich dienten, blieben erhalten und wurden später zur Auswertung an Olin Stephens geschickt. Dabei erwiesen sich Watsons Designs als überlegen. *Shamrock II* war nicht nur schneller als ihre Vorgängerin, sondern auch als Fifes Nachfolger. Sir Thomas Lipton dürfte wenig amüsiert gewesen sein, als er das vor der America's-Cup-Ausscheidung 1903 mitbekam – was vielleicht auch erklärt, warum damals Watsons schnellere *Shamrock II* nicht als Testboot für *Shamrock III* genutzt wurde.

Auch Kaiser Wilhelm ließ bei Watson zeichnen. Gut fürs Renommee, aber politisch heikel. Die Frage, ob Watsons Konstruktionen schneller waren als die von Herreshoff, ist nicht leicht zu beantworten, weil man irgendwie Äpfel mit Birnen vergleicht. Watson musste Herausfordereryachten für den Cup im Hinblick auf die zur Überführung notwendige Atlantikpassage in der Hurrikanzeit stärker und schwerer auslegen. Einige amerikanische Beobachter stellten fest, dass die Engländer oft beim Cup auftauchten, ohne ihr Boot wirklich zu kennen. Zumindest der US-Konstrukteur Clinton Crane behauptet in seinen »Yachting Memories«, Herreshoff habe *Valkyrie II* potenziell schneller als *Vigilant* eingeschätzt und *Shamrock II* schneller als *Columbia*.

Watson widmete sich ab 1895 auch großen Dampfyachten für Kunden wie den König von Belgien, die Zarin von Russland, die Rothschilds, Vanderbilts und andere Millionäre. Der Wechsel ist leicht zu verstehen. Der Konstrukteur verrechnete nämlich fünf Prozent der Baukosten als Honorar und noch mal zwei Prozent, wenn er selbst die Bauaufsicht hatte. Dampfyachten waren zwar arbeitsintensiv, für ihn jedoch lukrativer als das Design von Segelbooten, die im Laufe der Jahre geändert werden mussten, um wettbewerbsfähig zu bleiben.

Nach Watsons Entschluss, sich aus dem Geschäft mit kleineren Booten zurückzuziehen, verließ einer seiner Assistenten die Firma, um sich selbstständig zu machen. Sein Name: Alfred Mylne. Ausgestattet mit seines Meisters Formeln und Kundenliste, hatte er sofort großen Erfolg.

Watson hingegen zeichnete nur noch die Big-Class-Kutter und setzte seine ehrenamtliche Tätigkeit für die Royal National Lifeboat Institution fort, wo er die Umrüstung von Ruder- und Segelbooten zu Dampf- und Motorbooten leitete.

Zeit seines Lebens wurde Watson gefeiert wie kein britischer Yachtdesigner vor oder nach ihm. Wenn seine Schiffe am Clyde Regatten segelten, sahen Zehntausende Menschen zu. Er war bekannt, und seine Entwürfe wurden von den Zeitungen bis ins Detail besprochen. Überall tauchte sein Name auf. Eine Halbinsel der South Orkney Islands wurde nach ihm benannt.

Während das Ableben seiner Kollegen meist nur in der Yachtpresse vermeldet wurde, brachten die großen englischen Tages- und Regionalzeitungen lange Nachrufe auf Watsons Tod. Er ist bis heute der einzige Yachtdesigner, der im »Who's Who« und im »Dictionary of National Biography« erwähnt wird. Und doch sind seine einstigen Rivalen William Fife und Nathanael Herreshoff in der Erinnerung präsenter als das Genie aus Glasgow. Ist es zu viel verlangt, ihn als Großbritanniens größten Yachtarchitekten zu würdigen? Wohl nicht, denn Watsons Ideen beeinflussten den Bootsbau noch 50 Jahre nach seinem Tod. Egal, welchen Maßstab man auch wählt, dies kann man von keinem seiner Wettbewerber behaupten. Selbst Olin Stephens antwortete auf die Frage nach dem bedeutendsten Yachtkonstrukteur aller Zeiten ohne Zögern: »Watson, natürlich!«

„Valkyrie II"
Der 35-Meter-Rennkutter ging 1893 als britische Herausfordereryacht im achten America's Cup gegen die siegreiche US-amerikanische Verteidigeryacht „Vigilant" ins Rennen.

DAS MULTITALENT

Viele Konstrukteure seiner Zeit arbeiten intuitiv. Er aber setzt auf Zahlen und Formeln: Alfred Mylne, das verkannte Genie.

M Manchmal ist es einfach nur Pech. Eine Laune des Schicksals. Dabei hat man sein Bestes gegeben. Ein Leben lang. Und doch ist da am Ende der übermächtige Schatten eines anderen. Und so droht das eigene Tun posthum in Vergessenheit zu geraten, während der ewige Konkurrent geehrt, seine Werke auch nach seinem Tod Bekanntheit, gar Berühmtheit erlangen.

Einer, der heute häufig erst an dritter oder vierter Stelle genannt wird, wenn es um die bedeutenden Yachtkonstrukteure Schottlands geht, ist Alfred Mylne (1872–1951). Allenfalls Insidern der Klassikerszene sagt der Name etwas. Gegen seine geradezu omnipräsenten Kollegen und Konkurrenten William Fife III (1857–1944) wie auch Charles Ernest Nicholson (1868–1954) ist Mylne ohne Chance. Beide waren zweifellos die gefragtesten Yachtarchitekten ihrer Zeit. Ob sie deshalb auch besser waren, bleibt offen. Sie selbst oder findige Nachlassverwalter haben es allerdings verstanden, ihre Namen geschickt zu vermarkten. Wie zum Beispiel Fairlie Restorations im Falle von Fife.

Doch sollte man sich davon nicht blenden lassen und schon gar nicht Bekanntheit mit Bedeutung verwechseln. Erinnert sei diesbezüglich nur an George Lennox Watson (1851–1904). Der Mann zeichnete immerhin America's-Cupper wie *Valkyrie II, Valkyrie III* sowie *Shamrock II*. Und auch die legendäre *Britannia* geht allein auf ihn zurück. Zu Recht gebührt ihm ein Platz in den Geschichtsbüchern. Und dennoch: Nie hat er die Aufmerksamkeit eines breiten Publikums auf sich lenken können.

Ebenso wenig ist dies seinem Landsmann Alfred Mylne gelungen. Auf den gehen sage und schreibe rund 400 Konstruktionen zurück. Davon einige derart kostbar, dass sie in unseren Tagen liebevoll gepflegt, aufwendig restauriert und seit Kurzem sogar nach historischen Rissen ganz neu gebaut werden.

Beispiel *Thendara*. Mitte der Neunziger einem kompletten Refit unterworfen, hat gerade erst ein deutscher Eigner die 32-Meter-Fahrtengaffelketsch, Baujahr 1936, übernommen. Oder der First-Rule-Achter *Edit* von 1911, der inzwischen seit eineinhalb Jahrzehnten vom Bootsbauer Wilhelm Wagner am Bodensee gehegt und gesegelt wird. Unvergessen auch die Mylne-Zwölfer: *Mouchette* (1908) etwa ist heute im Naval Museum im argentinischen Tigre ausgestellt. Und *Javotte* (1909) wurde unlängst erst als *Kate* nachgebaut.

Der junge Mylne ist von Anfang an mit der International Rule und ihren Yachten, den Meterklassen, vertraut. Die 29-Meter-Gaffelketsch *Galashiel* wurde 1984 von den Gebrüdern Rolla in der Valdettaro-Werft bei La Spezia generalüberholt. Sie gehört wie auch die 32-Meter-Ketsch *Vadura* von 1926 und die 20-Meter-Fahrtenslup *Blue Peter*, Baujahr 1930, zum Klassiker-Inventar des Mittelmeers. Desgleichen *Atlantide*, das 35 Meter lange Begleitschiff des Herreshoff-Schoners *Mariette*. Auch Schoner wie *Panope*, *Golden Hind* oder *Panda* stammen von Mylnes Reißbrettern.

Die *Panda* war in den 70er-Jahren eine der bedeutendsten und eindrucksvollsten Charteryachten der Karibik, bis sie 1983 niederbrannte. Derzeit entsteht eine Replik des Schiffs. Sie unterscheidet sich vom Original im Wesentlichen nur durch eine glatte Außenhaut anstelle der ehemaligen überlappenden Stahlplanken. Ferner waren Zugeständnisse an heutige Sicherheitsbestimmungen nötig.

Alfred Mylne

Der Schüler Watsons wirkte im Schatten seines benachbarten Konkurrenten Fife in Schottland, schuf sich aber eine Nische im Bereich komfortabler und äußerst gut segelnder großer Kreuzeryachten.

„Mingary"
Die heute in Norddeutschland beheimatete Kreuzeryacht ist ein typisches Beispiel für das Mylne'sche Schaffen.

Die Liste der Mylne-Schiffe ließe sich lange fortsetzen. Die Beispiele belegen, dass die Begeisterung für seine Entwürfe zumindest unter Kennern ungebrochen ist. Davon gab es früher naturgemäß mehr als in unseren Tagen.

Als Sohn eines Schmieds und Gießereibesitzers wächst Alfred Mylne in bürgerlichen Verhältnissen auf. Er besucht die Highschool und studiert beim Glasgow Institute of Technology, heute als University of Strathclyde bekannt. Während seines Studiums absolviert er ein Praktikum bei Napier, Shanks & Bell, einer damals führenden Werft. 1892 wird er 20-jährig Zeichner beim gefragten Yachtarchitekten G. L. Watson. Dort bekommt es Mylne mit einem breiten Spektrum zu tun, von großen Dampfyachten über Regattaboote bis hin zum kleinen Daysailer. Zugleich wird er vertraut mit den seinerzeit gängigen Bootsbaumaterialien Holz und Stahl.

Watson muss den jungen Mitarbeiter geschätzt haben. Auf seine USA-Reise 1895, als die *Valkyrie III* vor New York gegen Nathanael Herreshoffs *Defender* um den America's Cup segelt und der Konstrukteur allerlei gesellschaftliche Verpflichtungen wahrnimmt, darf Mylne mit. Der bekommt von der Neuen Welt vermutlich nicht viel zu sehen, wird er von seinem Chef doch mit zahlreichen Ausarbeitungen von Angeboten für neue Yachten eingedeckt. Im Jahr darauf macht sich Mylne zum Verdruss seines Arbeitgebers selbstständig. Eine goldrichtige Entscheidung, wie die rasante Entwicklung des Yachtsports zeigt. Sie ist direkte Folge des Wohlstands, den die industrielle Revolution der englischen Oberschicht beschert. Regatta- und Tourensegeln wird zur anerkannten Freizeitbeschäftigung auf dem Clyde, der ringsum geschützten, fjordartig gewundenen südwestlichen Zufahrt Glasgows, an deren Ufern Sommerhäuser und Residenzen entstehen. »Man wollte und konnte damals seinen beruflichen Erfolg mit der größtmöglichen Dampfyacht oder dem schnellen Regattaboot auf dem Wasser duplizieren. Seglerischen Ehrgeiz gab es natürlich auch bei den kleineren Bootstypen«, beschreibt der vor einigen Jahren verstorbene Yachthistoriker David Ryder-Turner den positiven Einfluss der viktorianischen Ära auf die Segelszene.

Im Jahr der Trennung von Watson erregt Mylne mit dem ersten Preis eines Konstruktionswettbewerbs in der Zeitschrift »The Field« Aufmerksamkeit, einem Freizeitjournal für besser gestellte Kreise. Im Jahr darauf, 1897, entsteht bei der McGruer-Werft *Memsahib*, Mylnes erste Regattayacht. Auch im 19/24er, einer eifrig auf dem Clyde gesegelten Konstruktionsklasse, bei der die Wasserlinienlänge auf 19, die Rumpflänge auf 24 Fuß festgelegt ist, macht der junge Schotte gegenüber seinerzeit angesehenen Kapazitäten wie Fife von sich reden.

Ungeachtet ihrer beruflichen Rivalität werden die beiden Männer Freunde, später entsteht sogar die eine oder andere Mylne-Konstruktion am Südostufer des Clyde in der Fife-Werft in Fairlie. Und das, obwohl Mylne gleich gegenüber in Port Bannatyne auf der Isle of Bute seit 1911 gemeinsam mit Bruder Charles das Bute Slip Dock gehört, ebenfalls ein ansehnlicher Bootsbaubetrieb.

Während Fife ähnlich wie Herreshoff als intuitiv arbeitender Konstrukteur beschrieben wird, gilt Mylne als »Wissenschaftler«. Vermutlich verdankt er diesen Ruf seinem Studium in Glasgow und den ersten Jahren im Berufsleben bei Watson. Der nämlich setzte, Jahrzehnte bevor Professor Ken Davidson und Olin Stephens es ihm nachtaten, auf die systematische Untersuchung von Schlepptankmodellen – zum Leidwesen übrigens des unterlegenen America's-Cup-Herausforderers Thomas Lipton. Der soll einmal angesichts der von Herreshoff entwickelten Verteidigeryacht bemerkt haben: »Ach, hätte er doch auch geschleppt!«

Wer wie Mylne und Fife zur gleichen Zeit im gleichen Revier für die gleiche Klientel zeichnet, dessen Arbeit unterscheidet sich nicht gravierend. Einen Unterschied gibt es dennoch, wie der Schonerspezialist und Projektleiter der derzeit entstehenden *Panda*-Replik Rainer Hantke weiß: »Die großen Fahrtenschiffe wie *Mariella*, *Thendara* oder *Vadura* sind im Vergleich zu Fife-Konstruktionen vorn etwas voluminöser und stäbiger. Man fasst sofort Vertrauen in sie.« Dies könne, so Hantke, am Einfluss der zur selben Zeit in Amerika typischen Yachtkonstruktionen gelegen haben. Aber auch daran, dass Mylne generell mehr Fahrten als Regattaboote zu Papier gebracht hat.

„Mingary"
Typisch für die großen Kreuzeryachten Alfred Mylnes ist das große Deckshaus, in dem die Crew auf See Zuflucht vor schlechtem Wetter findet.

In den ersten Jahren seiner Selbstständigkeit konzentriert sich Mylne auf den Entwurf von Einheitsklassen. Darunter ist das Clyde One Design, ein 20-Tonner mit 35 Fuß Wasserlinie und 50 Fuß Gesamtlänge. Fünf Exemplare werden gebaut. Und sein Scottish Islands One Design wird von 1929 bis in die 60er-Jahre auf dem Clyde gesegelt. Im Jahr 2000 erhält die Flotte zuletzt mit der *Shona* noch einmal Zuwachs. Auch die schicken 52-Fuß-Linear-Rater *Britomart* und *Moyana*, sie ähneln den späteren 15-mR-Yachten, sind erfolgreich auf den Regattabahnen.

1906 vertritt der 33-jährige Mylne mit seinen älteren Kollegen Fife und Nicholson sowie dem damals einflussreichen Segelfunktionär und Publizisten Brooke Heckstall-Smith anlässlich der Londoner Konferenz zur Entwicklung der International Rule und einer zunächst europa-, später weltweiten Organisation des Segelsports die Interessen Großbritanniens. Damals wird die Vermessung aus Vorgängervarianten herausdestilliert, und es kommt zur Verabredung zehn neuer Klassen, vom Fünfer bis zur 23-mR-Yacht. Von elf Konstruktionen, die nach Mylnes Plänen 1908 aufgetakelt werden, sind daher fünf Meterklassen: zwei Zwölfer und jeweils eine 10-, 7- und 5-mR-Yacht. Im Jahr darauf folgen zwei weitere Zwölfer, ein Achter und ein Sechser. 1911 wird *Octavia*, eine 19-mR-Yacht, für Sir William Burton gebaut. Der ist einer seiner großen Förderer und Kunden, er bleibt ihm treu bis zum Schluss: Mit dem Zwölfer *Jenetta* ordert Burton 1938 auch seine letzte Yacht bei Mylne.

Fife, Nicholson und andere mussten sich auf ihre Erfahrung stützen. Mylne konnte auf sein akademisches Wissen bauen.

Wie der notorische Junggeselle Fife III lebt Mylne viele Jahre überwiegend für seinen Beruf. Erst im Alter von 50 Jahren heiratet er 1922 Miriam Brown-Constable. Damals befindet sich der Konstrukteur im Zenit seiner Karriere, wie auch seine Beschäftigung mit der Modifikation des königlichen Rennkutters *Britannia* zeigt.

49

„Tigris"
Das rund 16 Meter über Deck messende Clyde One Design entstand 1899 für den Clyde Corinthians Sailing Club.

Neben seiner Gattin und seinem Freund Fife spielt der später geadelte Thomas Glen-Coats eine große Rolle in Mylnes Leben. Der Spross einer vermögenden Familie beginnt nach seinem Studium 1909 in seinem Büro und zeichnet sich mit *Heatherbell* den ersten englischen Zwölfer. Viele Konstruktionen von Glen-Coats entstehen danach in der Mylne'schen Werft. Als Glen-Coats' Vater eine Zahlung für die Ausbildung seines Sohns anbietet, lehnt der Lehrmeister zunächst ab, nimmt das Geld dann aber doch, um es, einem Schotten gebührend, für schlechte Zeiten anzulegen.

Als weiterer Mitstreiter Mylnes gilt John Morton James. Der steigt 1902 vermutlich als Partner und Geschäftsführer in das Konstruktionsbüro ein. Ryder-Turner nimmt an, dass er sich auf den Entwurf der Fahrtenyachten konzentrierte, während Mylne bei den Regattabooten blieb. »Der Stil der beiden ähnelt sich dermaßen, dass sich unmöglich sagen lässt, wer was gezeichnet hat«, so der Experte. Die großen Mylne'schen Fahrtenyachten gehören bis heute zu den besten Erzeugnissen nicht allein schottischen Yachtbaus. Daneben war aber auch anderes möglich: 1929 lässt der Hamburger Reeder Erich F. Laeisz bei A&R den 30-qm-Schärenkreuzer *Pasch* auftakeln, der von Alfred Mylnes Reißbrett stammt. Das Boot ist eines der ersten seiner Klasse mit geradem statt gepeitschtem Mast. Die G 51 gelangt später als *Preußen IV* via Berlin und Radolfzell an den Chiemsee, wo sie seit 1990 von Ulli Seer gesegelt wird.

Die Mylne-Schäre ist mit 11,49 Meter Länge, 2,00 Meter Breite und 1,42 Meter Tiefgang etwas kürzer, schlanker und auch flachgehender als vergleichbare Boote. Eine längere Mylne-Konstruktion entstand 1938 auf dem Bute Slip Dock mit der 12,95 Meter langen *Fara* für Colonel W. Woodie. Das Boot, Segelnummer K 15, wurde vor einigen Jahren in einer Scheune wiederentdeckt. Derzeit ist der Holländer Andries Oosenbrugh mit der Restauration beschäftigt.

Die unterschiedlichen Konstruktionen zeigen: Mylne war ein vielfältiger Mann. Brooke Heckstall-Smith lobte im Vergleich zu den gelegentlich experimentellen und optisch gewöhnungsbedürftigen Entwürfen seines Kollegen Charles Nicholson Mylnes Sinn für gefällige Formen. »Seine Schiffe waren eigentlich immer schön. Und schwer zu schlagen, weil sie unter vielen seglerischen Gesichtspunkten überzeugten.«

Im Zweiten Weltkrieg lebt das Bute Slip Dock von Marineaufträgen. Danach, 1946, übernimmt Alfred Mylne II (1918–1979), der Sohn seines Bruders Charles das Geschäft. Der Onkel zieht sich nach Südengland zurück, von wo er alljährlich und solange es die Gesundheit zulässt mit seinem 30-Fuß-Kutter *Medea* hinauf zum Clyde segelt. Alfred Mylne stirbt 1951 im Alter von 78 Jahren.

49
49
49

„Tigris"
Bis heute erinnert die überlebende Vertreterin ihrer Klasse, die einst aus fünf gebauten Exemplaren bestand, an die Glanzzeit des Regattasegelns auf dem Clyde vor dem Ersten Weltkrieg.

FASZINATION FORM

Klassische Yachten beeindrucken durch ihre zeitlose Ästhetik. Dabei folgen ihre Linien mathematischer Berechnung. Und bergen manches Geheimnis.

„Atlantic"
Der Rennschoner wurde 1903 nach Plänen von William Gardner in New York gebaut. Im Jahr 1905 stellte Skipper Charlie Barr damit einen Transatlantikrekord auf, der mehr als 100 Jahre hielt.

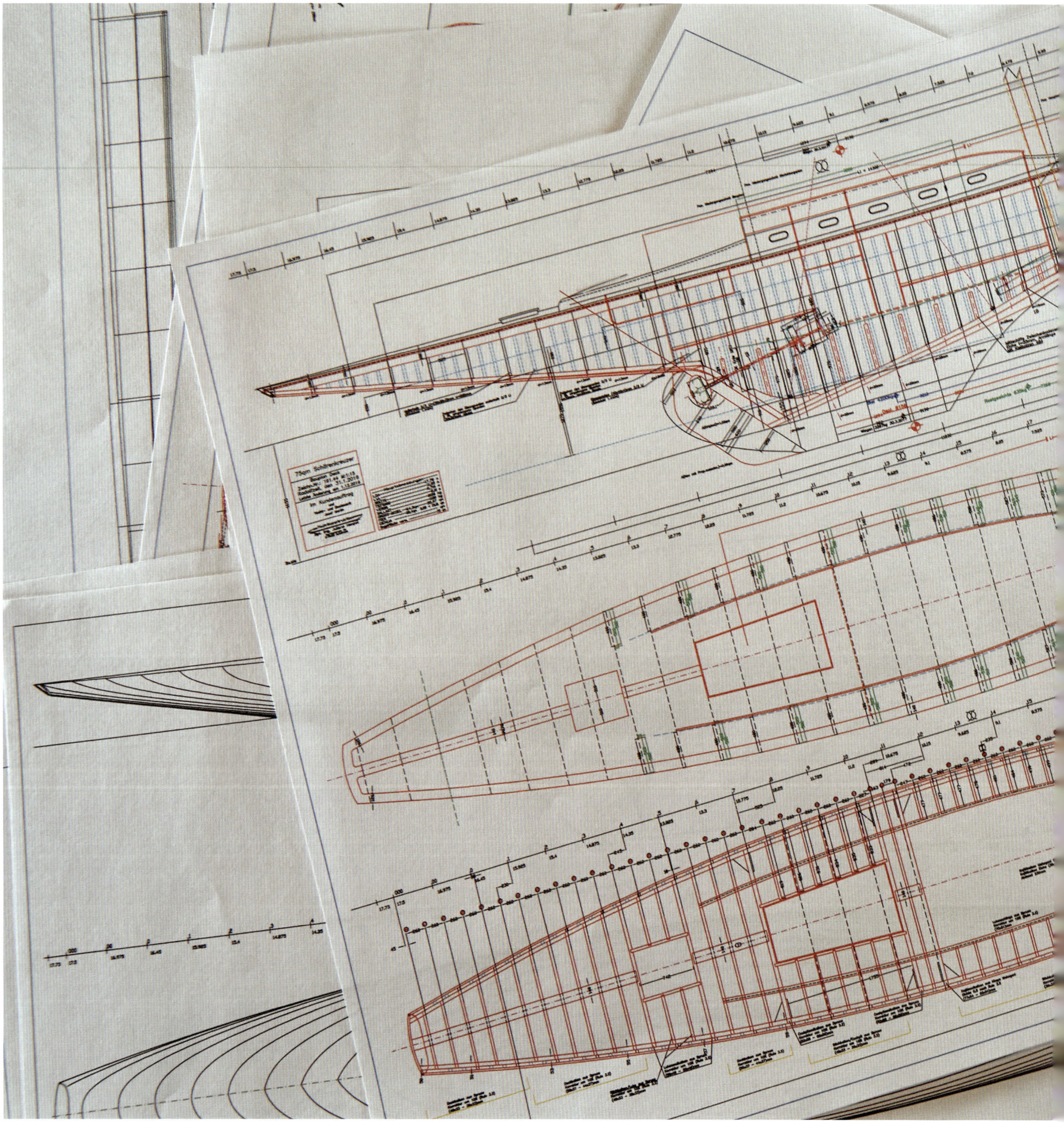

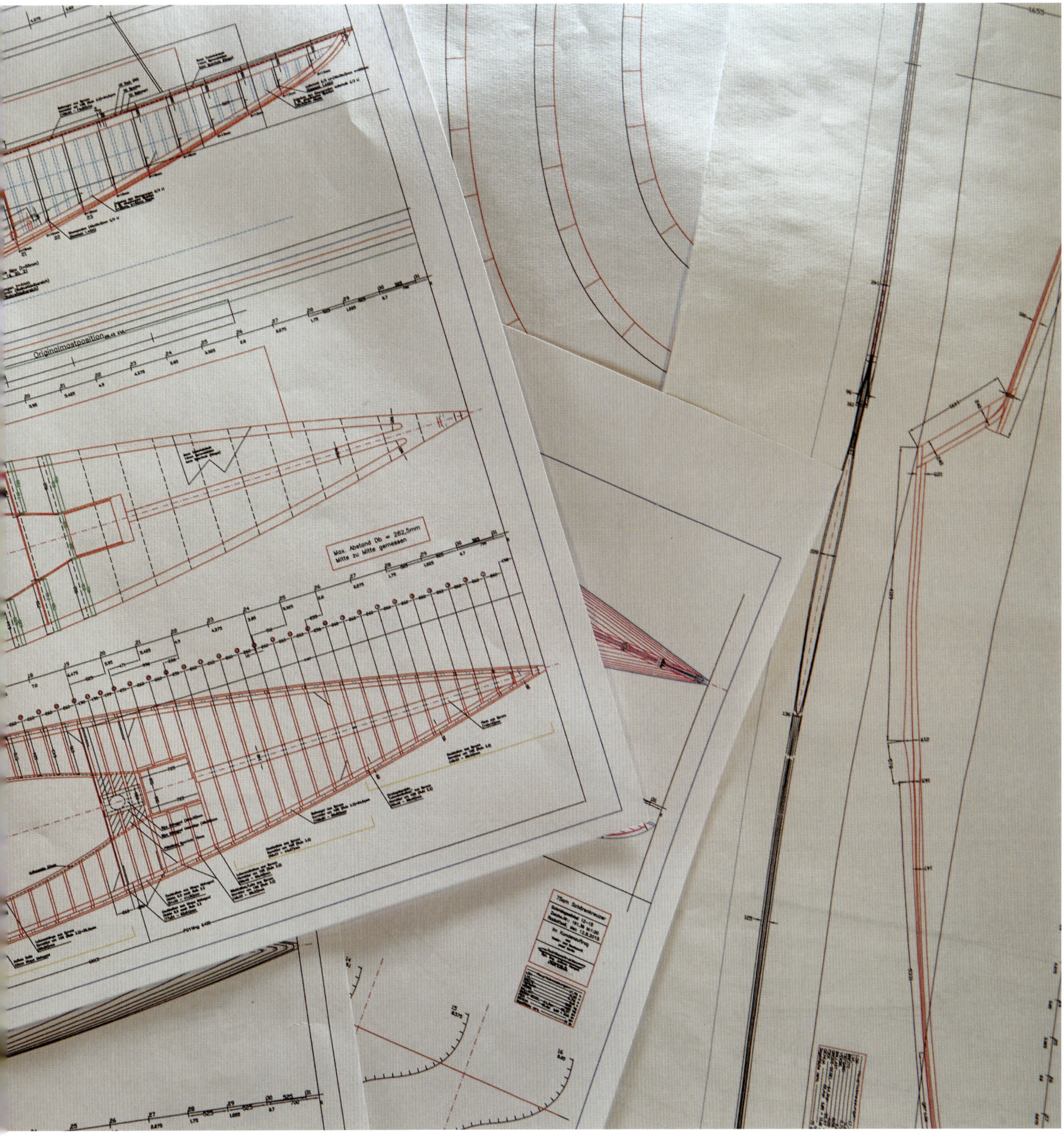
Originalmastposition
Max. Abstand Db = 262,5mm
Mitte zu Mitte gemessen

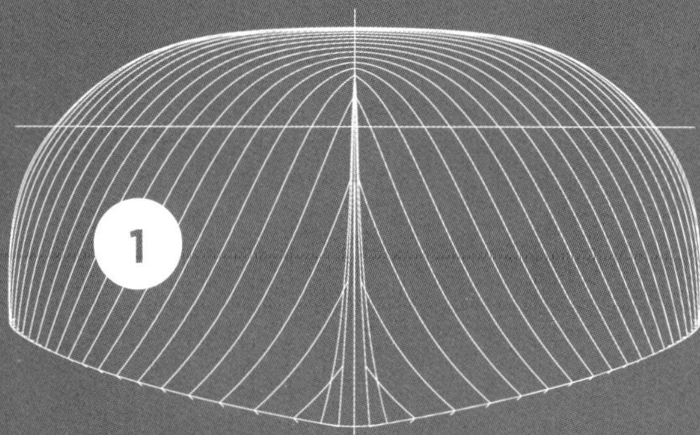

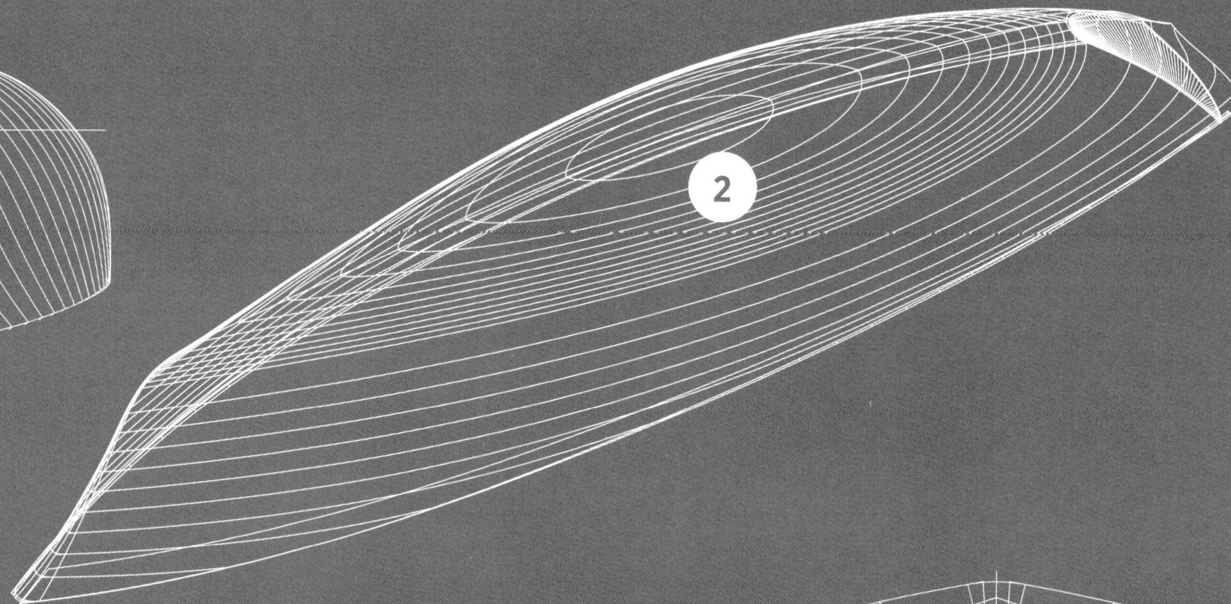

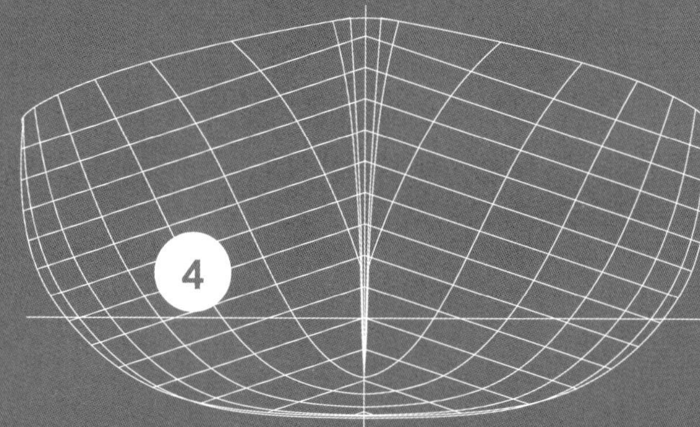

Die vier Grundformen

Wie Bootskörper auf Papier transparent werden

1. Spanten

Am weitesten verbreiteter und am einfachsten zu interpretierender Linienriss. Entspricht optisch dem Mallgerüst. Die Rumpfkontur wird dabei in Querschiffslinie erfasst und in bestimmten Abständen „geschnitten“. Eignet sich gut, um die Fülligkeit von Vor- und Achterschiff zu erkennen und die Spantform zu interpretieren (V-, U-, S-Schlag). Der typische Spantriss ist in der Mitte geteilt: Rechts sieht man das Vorschiff bis zum Hauptspant, links das Achterschiff.

2. Wasserlinien

Wird der Rumpf horizontal aufgeschnitten, spricht man von Wasserlinien. Sie dienen insbesondere der Beurteilung der Rumpfkontur im Unterwasserbereich, wo die Linien meist in engeren Abständen gezeichnet werden, um ein detaillierteres Bild der für die Leistungsfähigkeit einer Yacht so wichtigen Oberfläche zu gewährleisten. Hieran lassen sich breite „Schultern“ oder hohle Linien besonders gut ablesen.

3. Schnitte

Um 90 Grad versetzt zu den Wasserlinien verlaufen die Schnitte. Sie ergeben sich aus den Längspartien einer Yacht, entsprechen also – wie der Name schon sagt – Schnitten parallel zur Mittschiffslinie von Bug zu Heck. Mit ihrer Hilfe erkennt man unter anderem, ob die Spanten in der Bugsektion sauber auffächern, also eine harmonisch strakende Verjüngung des Rumpfes gewährleisten. Auch kann man erfassen, in welchem Winkel die Überhänge zur Wasserlinie stehen.

4. Senten

Sie sind die für Laien wohl am schwersten nachzuvollziehende Darstellungsform. Um die Senten zu bestimmen, legt der Konstrukteur in einem bestimmten Winkel Schnittebenen radial durch den Rumpf, jeweils von vorn nach achtern. Sie helfen, den Strömungsverlauf bei Lage zumindest näherungsweise zu illustrieren – was gerade bei Klassikern mit ihren langen Überhängen von großer Bedeutung ist.

Die Darstellung von Rümpfen hat sich über mehr als zwei Jahrhunderte kaum verändert. Den Konstrukteuren reichen wenige Varianten, um ein Boot in allen Facetten abzubilden.

Die Konstruktion einer Yacht ist Gefühlssache. Eine Frage der Ästhetik. Ein Ergebnis von Erfahrung wie Intuition. Das ist so, selbst heute noch. Doch gründet die Arbeit der Designer, im Englischen viel treffender »naval architects« genannt, vor allem auf mathematisch-physikalischen Erkenntnissen. Das hat schon Frederik Henrik af Chapman erkannt. Vor bald 250 Jahren schrieb der schwedische Bootsbaumeister die erste wissenschaftliche Abhandlung über die Entwicklung von Rumpflinien. In seinem in Fachkreisen weltberühmten »Tractat om Skepps-Byggeriet« (dt.: »Aufsatz zum Schiffbau«) kam er 1775 zu dem Schluss, dass ein bloß auf Erfahrung gegründeter Entwurf an Grenzen stoße. Durch Versuch und Irrtum seien die Schiffsformen mittlerweile »so weit entwickelt, dass auf dieser Basis kein signifikanter Fortschritt« mehr zu erwarten sei. Um weiterzukommen, müsse eine »Theorie der Konstruktion« her. Ansätze dazu lieferte Chapman gleich mit.

Schon acht Jahre zuvor hatte sich der Schwede, dessen Eltern britischer Abstammung waren, in den Annalen des Bootsbaus verewigt. Sein Standardwerk »Architectura Navalis Mercatoria« erschien 1768 und zeigte auf 62 Tafeln Linienrisse von Handels- und Kriegsschiffen, Yachten und Piratenschiffen sowie Skizzen der Segelpläne. Dazu stellte Chapman theoretische Überlegungen zum Schiffswiderstand im Wasser, zahlreiche Berechnungsformeln mit Logarithmen und Ableitungen sowie Differenzial- und Integralgleichungen für die Größenberechnung von Schiffen an.

Es war der Beginn einer neuen Ära. Mathematik bestimmt seither den Konstruktionsprozess. Wissenschaftliche Methodik ergänzt mehr und mehr das Handwerk. Und auch wenn Gespür und Einfallsreichtum nach wie vor großen Stellenwert beim Aufreißen der Pläne besitzen: Schiffsarchitekten sind, spätestens seit Chapman, ebenso sehr nüchternen Formeln verpflichtet wie der ästhetischen Form. Sie sind zugleich Rechner wie Zeichner.

Ganz gleich, wie sie arbeiten: Ob dreidimensional, beim Hobeln von kleinen Halbmodellen aus Holz, wie einst der große Nathanael G. Herreshoff (1848-1938); ob mit Bleistift und Kurvenlinealen auf Pergamentpapier, wie bis vor Kurzem noch der Bremer Horst Glacer; oder mit speziellen Design- und Strakprogrammen am Computer, wie praktisch die gesamte Gilde heute – Yachtkonstrukteure sprechen die gleiche Sprache. Was sie entwerfen, drücken sie auf die immer gleiche Weise aus: in Rissen, die wie ein Esperanto des Yachtbaus fungieren, nach gleichen Regeln, mit dem gleichen Vokabular. Und die sich mit ein wenig Grundkenntnis daher auch vergleichsweise leicht lesen und deuten lassen.

Tatsächlich beschreiben sie den Freiformkörper Boot, der sich in einem chaotischen System aus Strömungen, Wellen und Wind bewegt, sehr präzise und ziemlich vollständig. Ob eine Yacht schnell oder langsam segeln wird, besonders seetüchtig ist oder eher nervös, darüber geben Pläne und Maße schon recht gut Auskunft.

Aber woran erkennt man das? Worauf müssen Segler, für die ein Linienriss mitunter eher verwirrend aussieht, vor allem achten? Und welche Konstruktionszeichnungen sind für die Beurteilung eines Klassikers besonders geeignet? Um das nachzuvollziehen, gilt es zunächst einmal, die verschiedenen Darstellungsformen zu unterscheiden: Die bekannteste und wohl älteste sind die Spanten.

Sie definieren gewissermaßen die Grundform des Bootskörpers – zunächst als Konstruktionsspanten in der Zeichnung, dann als Mallen oder Bauspanten in der Werft. Die Spanten ergeben sich, indem man den Rumpf in Querschiffsebene schneidet; für die Konstruktionsspanten erfolgt dies meist in einer Zehnerteilung innerhalb der Wasserlinie. Das erleichtert später den Vergleich verschiedener Risszeichnungen.

Auf diese Weise kann man sofort sagen: Die Mastposition befindet sich auf Spant drei, das entspricht 30 Prozent der Wasserlinienlänge vom vorderen Lot nach achtern gemessen. Das vordere Lot ist der Punkt der Bugsektion am Eintritt in die Konstruktionswasserlinie. Früher zählte man die Spanten von achtern aufsteigend, also vom hinteren Lot aus; für diesen Punkt nimmt man bei klassischen Yachten auch gern die Mitte der Ruderachse. Interessant dabei: Die Darstellung der Linienzeichnung und die Zählung der Spanten variiert nicht nur mit dem Entstehungsjahr, sondern auch regional. So zeichneten die Franzosen früher ihre Linien gern mit dem Steven auf der linken Seite. Heute ist es dagegen üblich, dass die Yacht nach rechts »segelt«.

Bei den meisten Plänen werden die Spanten im sogenannten Spantenriss auf der rechten Seite vom Bug bis zum Spantwechsel und auf der linken Seite der Mittellinie vom Spantwechsel bis zum Spiegel gezeichnet. Der Spantwechsel findet an der Stelle statt, an welcher der Spant die größte Fläche unter Wasser aufweist.

Zusätzlich zu den Konstruktionsspanten werden die Mallspanten gezeichnet. Sie entsprechen an ihrer jeweiligen Mallkante bei Holzbooten der Rumpfkontur minus der Außenhautstärke. Da sie baulich bedingt eine bestimmte Dicke haben müssen, können sie nur auf einer Seite exakt dieser Kontur entsprechen, es sei denn, sie werden auf Schmiege gehobelt.

Ansonsten definiert ihre Vorderseite im Bereich vom Bug bis zum Hauptspant die Mallkante; ab dem Spantwechsel nach achtern ist ihre Hinterkante ausschlaggebend. Um den dreidimensionalen Rumpfkörper mit seiner in allen Richtungen unterschiedlich gekrümmten Oberfläche zu erfassen, reichen die Spanten allein aber nicht aus.

Zweites Hilfsmittel des Konstrukteurs sind daher die Wasserlinien. Sie ergeben sich, indem der Rumpf längs in der Ebene der Konstruktionswasserlinie geschnitten wird. In den Zeichnungen erfolgt dies unter Wasser in einem engeren Abstand als über Wasser. Das liegt daran, dass das Unterwasserschiff für Segeleigenschaften, Auftrieb, Widerstand und damit für die Leistungsfähigkeit

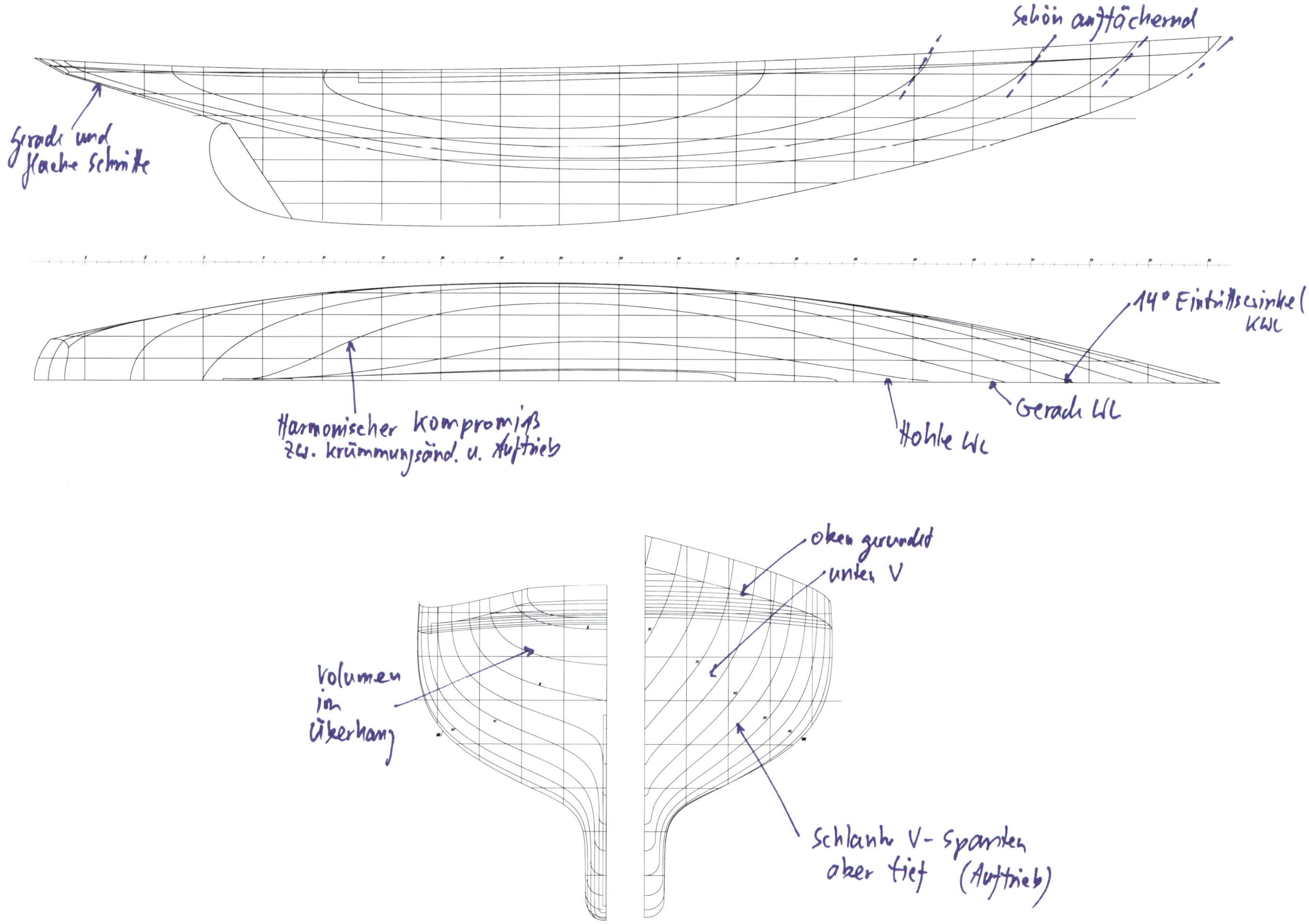

entscheidend ist. Ebenso wie die Wasserlinien erfassen auch die Schnitte den Rumpf in Längsebene. Um sie darzustellen, wird das Boot entlang seiner Mittschiffsebene von oben nach unten geschnitten. Dadurch lässt sich gut erkennen, wie flach ein Rumpf nach achtern hin verläuft und ob die Spanten im Vorschiff sauber aufgefächert sind. Auch zur Beurteilung des sogenannten Tumblehome, der im Decksbereich einfallenden Spanten einiger klassischer Yachten, eignen sich Schnitte; eng gesetzt, zeigen sie den Verlauf des »Spantbauches« an.

Die vierte und letzte grafische Erfassung der Rumpfform sind die Senten. Sie dienen der annähernden Darstellung des Wasserverlaufs bei Krängung und spielen besonders bei der Beurteilung von Klassikern eine Rolle. Hierzu werden Schnittebenen radial durch den Rumpf von vorn nach hinten gelegt. Dabei kann man verschiedene Winkel wählen. Oft gehen die Senten durch die Kimm, um gerade die Bereiche mit starken Krümmungsänderungen zu beschreiben.

Mit diesen vier Ansichten lässt sich die komplizierte Freiformoberfläche eines Schiffskörpers gut erfassen und auf ihren Strak kontrollieren. Strakende Linien bedeuten mathematisch, dass eine Kurve in ihrer zweiten Ableitung noch einen harmonischen Krümmungsverlauf aufweist. Das ist deshalb wichtig, weil Krümmungssprünge oder extreme Krümmungsänderungen meist den Strömungswiderstand einer Yacht im Wasser erhöhen.

Risse erschließen sich nicht sofort. Was auf den ersten Blick gewohnt erscheinen mag oder verwirrend, verrät bei genauer Analyse wertvolle Detailinformationen über ein Boot

Gerade klassische Langkieler stellten für die Konstrukteure eine anspruchsvolle Aufgabe dar. Denn sie bestehen aus zwei eigentlich grundverschiedenen Oberflächenkörpern: Da ist einmal der kanuartige Bootskörper mit seinen Überhängen und darunter der aufrecht stehende, seitlich umströmte Kiel. Beide müssen geschickt ausgerundet miteinander verbunden werden.

Nathanael Herreshoff hat das an seinen hölzernen Halbmodellen gemacht, die er so lange mit Hobel und Sandpapier bearbeitete, bis er die Linien als harmonisch empfand. Er prüfte seine Entwürfe sorgfältig, mit den Augen ebenso wie mit den Händen, ehe er die Maße davon abnahm und auf Papier übertrug. In seiner Arbeitsweise war er, zumindest zu Beginn der Konstruktionsphase, einem Bildhauer ähnlicher als einem Ingenieur.

Mit etwas Übung und einem geschulten Blick kann man aber auch anhand von Plänen die Eigenheiten eines Entwurfs erkennen. Dabei sind die Spanten nur bedingt aussagefähig. Sie sehen eigentlich fast immer schön strakend aus. Am einfachsten fällt eine kritischere Betrachtung über die Wasserlinien.

Interessant ist hierbei der Facettenreichtum der Klassiker, zeichnen sich doch viele Langkieler durch sogenannte »Schultern« im Vorschiffsbereich aus. Das heißt, ihre Wasserlinien wirken eher füllig. Es gab und gibt aber auch historische Yachten mit schlanken bis hohlen Wasserlinien, wie sie bei modernen Regattabooten üblich sind. Das vielleicht berühmteste Beispiel ist der äußerst erfolgreiche Schoner *Atlantic* von 1903, konstruiert von John Gardner. Bei ersten Testfahrten erreichte er spielend die 20-Knoten-Grenze. Und zwei Jahre nach seinem Stapellauf stellte er den Rekord für Atlantikregatten auf, der fast ein Jahrhundert Bestand haben sollte. Unter Skipper Charlie Barr segelte er die 3.000 Meilen in zwölf Tagen, vier Stunden, einer Minute und 19 Sekunden. Sein bestes Etmal betrug 341 Seemeilen; das bedeutet eine Durchschnittsgeschwindigkeit von 14,1 Knoten.

Schaut man sich die Risse an, fallen sofort die Wasserlinien auf: Gerade und mit einem schlanken Eintrittswinkel von ca. 14 Grad verlaufen sie im Vorschiff ähnlich einer Rennyacht heutiger Zeit. *Atlantic* profitierte dabei natürlich von ihrer schieren Größe; sie maß 56 Meter über Deck. Bei kleinen Yachten mit ebenso schlanken Wasserlinien und kleinen Eintrittswinkeln würde die magere Verdrängung zu einem sehr ranken Verhalten führen.

Langkieler mit ausgeprägtem Vorfuß haben den Vorteil, die Verdrängung sozusagen in die Tiefe zu bauen. Bei *Atlantic* schaffte es Konstrukteur Gardner, trotz der »modernen« Wasserlinien genug Auftrieb im Vorschiff durch die tiefen Spanten zu generieren. Somit war der Schoner prädestiniert für schnelle Langstrecken ohne allzu viele Manöver.

Zum Vergleich der Zwölfer *Anitra,* eine Burgess-Konstruktion, gebaut 1928 bei Abeking & Rasmussen: Sie ist als Rennyacht ohne ausgeprägte Schultern konzipiert. Dennoch hat sie im Gegensatz zu *Atlantic* wesentlich fülligere Wasserlinien und den stumpferen Eintrittswinkel.

Natürlich unterliegt ein Zwölfer dem Formelkorsett der Meterklasse; er ist somit nicht direkt mit einer frei konstruierten und ungleich größeren Yacht zu vergleichen. Doch zeigen gerade solche Querbetrachtungen, wie unterschiedlich Konstruktionen ausfallen, obwohl sie in bestimmten Bereichen bei einem flüchtigen Blick durchaus ähnlich erscheinen mögen.

Innerhalb der 12-mR-Flotte kann man *Anitras* Wasserlinien als eher schlank bezeichnen. Aber auch das allein ist noch kein Kriterium für die Beurteilung der Yacht. Der Nachteil stumpfer und fülliger Wasserlinien kann nämlich aufgrund des dadurch größeren aufrichtenden Moments aufgehoben werden. Zudem ist ein Zwölfer für kurze Regatten mit verhältnismäßig vielen Manövern ausgelegt. Schnelle Wenden mit wenig Geschwindigkeitsverlust und eine kurze Beschleunigung auf Rumpfgeschwindigkeit sind hierbei entscheidend.

Nur die Wasserlinien zu betrachten reicht daher nicht. Auch Spantformen können Aufschluss geben über die Fülligkeit von Vor- und Achterschiff. Gerade Klassiker mit ihren Überhängen profitieren von einer optimalen Verdrängungsverteilung. Die Überhänge selbst dienen der Reduzierung der Wasserlinienlänge. Bei der ohnehin großen benetzten Fläche eines Langkielers war man bestrebt, diese im Ruhezustand nicht zu lang zu gestalten. Nimmt die Yacht Fahrt auf und krängt, dann verlängert sich die Schwimmwasserlinie an den Überhängen entlang.

Auch wenn Konstrukteure heute durchweg am Computer arbeiten – die Abbildung ihrer Entwürfe entspricht noch immer den Vorlagen von Fife, Herreshoff, Stephens & Co.

Klassiker segeln meist im Verdrängermodus – sieht man einmal von leichten Schwertbooten und außergewöhnlichen Kielbooten wie der Sonderklasse ab und lässt Extrembedingungen wie starken achterlichen Wind und lange Welle außen vor (da kommt nun jeder Schuh über Rumpfgeschwindigkeit).

Weil schwere Hochseeyachten sich nicht von ihrem eigenen Wellensystem freisegeln können, spielt die maximale Rumpfgeschwindigkeit eine große Rolle für ihre Schnelligkeit. Diese steigt bei zunehmender Fahrt an, wenn die Wasserlinie durch das Eintauchen der Überhänge länger wird als die Konstruktionswasserlinie.

Und nun kommt die Fülligkeit und die damit zusammenhängende Verdrängungsverteilung ins Spiel: Als Beispiel für Klassiker mit sehr ausgeprägten Überhängen dienen die Schärenkreuzer, hier ein eher ausgewogener Vertreter, eine 30er-Schäre von Knud Reimers (s. u.). Deutlich erkennt man den schlanken Rumpf mit seinen langen Enden und dem scharfen S-Spant. Im Vorschiff sind die Spanten etwas ausgerundet, achtern schon fast U-förmig gestaltet. Dadurch wird bei einer schmalen Decksbreite relativ viel Volumen im Vor- und Achterschiff erzielt. Dies bewirkt ein Auseinanderziehen des eigenen Wellensystems und erhöht

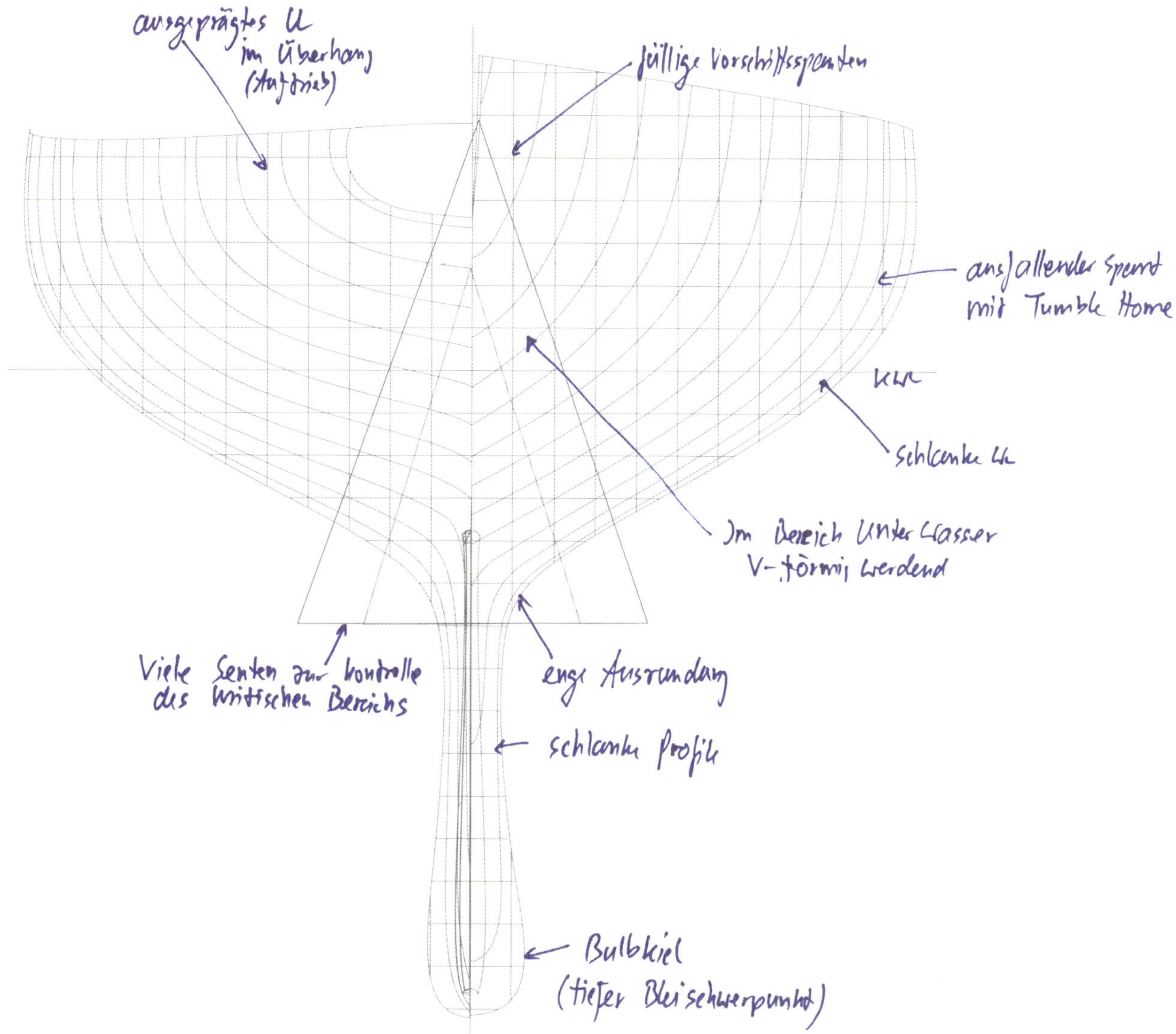

Die perfekte Form ist eine Fiktion. Aber die stunden- und tagelange Beschäftigung der Konstrukteure mit Linien, Strak und Balance hilft bei der Annäherung an das Ideal

somit die Rumpfgeschwindigkeit. Natürlich ließen sich die Spanten noch fülliger gestalten. Doch irgendwann würden die Krümmungsänderungen der Außenhaut im Senten- oder Wasserlinienstrak zu groß, das heißt die Linien zu stumpf. Träte das ein, würde sich der Widerstand wiederum erhöhen und die mögliche Geschwindigkeit verringern.

Der Winkel, in welchem die Überhänge aus dem Wasser kommen, spielt ebenso eine Rolle: Je flacher, desto eher werden die Bereiche oberhalb der Konstruktionswasserlinie als zusätzlicher Auftrieb genutzt. Ragen sie eher steil aus dem Wasser, so wird mehr Fahrt und Welle benötigt, um sie eintauchen zu lassen.

Aber nicht allein die Überhänge zeichnen einen Klassiker aus. Form und Größe des Langkiels sind ebenso interessant. Die 30er-Schäre verfügt über einen fast modernen Kiel: relativ schlank, unten bulbartig ausgeführt, fast schon ein Kurzkiel mit angehängter Trimmklappe. Das verspricht wenig Widerstand, wenig benetzte Fläche – perfekt bei Leichtwetter-Verhältnissen für ein Boot mit geringer Verdrängung.

Ganz anders dagegen der Zwölfer *Anitra:* Hier erkennt man das tiefe V einer Yacht mit viel Verdrängung. Man sieht die ausfallenden Spanten in den Überhängen, aber der Hauptspant fällt zum Deck hin schon ein (Tumblehome); er hat die maximale Breite in der Wasserlinie bei minimaler Breite im Schandeck. Der Kiel mit tiefem Vorfuß und entsprechender Breite kann eine große Menge Bleiballast aufnehmen. Die ist nötig, um das entsprechende aufrichtende Moment zu erzeugen, das diese meist übertakelten, selten gerefften Yachten brauchen.

Die Beispiele zeigen, dass es beim Linienlesen kein »Schwarz oder Weiß« gibt, kein »Richtig oder Falsch«. Vielmehr kommt es darauf an, die Eigenheiten eines Entwurfs zu erfassen und sie mit dem jeweiligen Einsatzzweck eines Bootes abzugleichen, mit Klassenregeln, Bauvorschriften und anderen Vorgaben, so sie denn einen Einfluss auf die Konstruktion hatten.

Yachten waren und sind stets Kompromisslösungen. Annäherungen an eine optimale Form, die in Wahrheit nie erreichbar ist. Die Erkenntnisse von Henrik af Chapman und all jenen, die nach ihm kamen, haben Grenzen verschoben, aber nicht aufgehoben.

Deshalb bleibt, aller Mathematik und Physik zum Trotz, die Beurteilung von Booten stets ein kleines Mysterium. Zumindest auf dem Papier. Vielleicht ist das auch ganz gut so. Segeln ist schließlich keine Wissenschaft, sondern ein Vergnügen. Voller Wunder.

Schärenkreuzer

Die in Schweden entwickelte Konstruktionsklasse zeichnet sich durch ihre leichte Bauweise aus, was wenig Segelfläche erfordert. Darüber hinaus durch wenig Breite und schmales Freibord.

NJK

DER FINNISCHE ZAUBERER

Der Architekt, Designer und Regattasegler kam aus Finnland, ließ sich in Stockholm nieder und war beruflich auch in Deutschland aktiv.

B Biografien großer Persönlichkeiten geraten leicht zu überschwänglichen Hymnen auf deren Wirken. Die menschliche Seite, mit ihren Besonderheiten und Schwächen, kommt oft zu kurz. Auch im Fall des Architekten, Yachtdesigners und Seglers Gustaf Estlander würden viele Aspekte seiner Persönlichkeit Erwähnung verdienen, die hier aus Platzgründen fehlen müssen. Was ihn vielleicht am besten beschreibt, war seine Bereitschaft, dem selbstgesetzten Karriereziel alles andere unterzuordnen.

Doch es gehört auch zu seiner Charakterisierung, dass ihm das niemand nachtragen konnte. So jedenfalls klingen die Worte eines Verwandten auf Estlanders Beerdigung im Jahr 1930: »Für Dein Werk bleibst Du ewig berühmt. Das, was Dich als Menschen ausgemacht hat, lebt in der Erinnerung Deiner Freunde weiter.« Die Würdigung galt einem der erfolgreichsten skandinavischen Yachtkonstrukteure seiner Zeit und einem herausragenden Sportler.

Der 1876 in Helsinki geborene Gustaf Estlander studierte dort bis 1898 Architektur und gründete anschließend ein Architekturbüro. Im gleichen Jahr wurde er Europameister im Eisschnelllauf. Seine eigentliche Leidenschaft galt jedoch der Segelei und der Konstruktion von Yachten. Bereits als Jugendlicher war er von Finnland nach Schweden gesegelt. Schon 1901 fungierte Estlander als Chefkonstrukteur einer finnischen Werft. An den olympischen Regatten 1912 in Nynäshamn nahm er mit seinem Achter *Örn* teil und belegte den vierten Platz. Nach dem Krieg war er Teilhaber und Chefkonstrukteur der Pabst-Werft in Berlin-Köpenick, bis er sich schließlich in Stockholm niederließ. Hier starb er auf dem Höhepunkt seiner Karriere, erst 54 Jahre alt und international für zahlreiche erfolgreiche, meist radikale Yachtdesigns bekannt.

Schon dieser Lebenslauf veranschaulicht die Energie und die Risikobereitschaft Estlanders. Die Normen seiner Zeit stellte er infrage und probierte sich an neuen Lösungen aus. Widerstände von außen konnten ihn dabei nicht aufhalten. Dank seines ausgeprägten Sinns für Form und Funktion, seines guten Verständnisses für technische Möglichkeiten und Grenzen sowie seiner ungewöhnlichen Kreativität und Vielseitigkeit wurde der Finne als Konstrukteur schon zu Lebzeiten weit über die Landesgrenzen hinaus bekannt.

Estlanders Ehrgeiz auf dem Wasser beschreibt dessen Segelfreund Henrik Ramsay: »Während der Rennen war er extrem konzentriert, dabei höflich, bedankte sich etwa für ausgeführte Kommandos und nahm Missgeschicke mit unerschütterlicher Ruhe hin. Er verlangte jedoch, dass jeder alles für den Sieg geben sollte. Wenn Sie das taten, waren Sie sein Freund.« Auch über den Taktiker Estlander berichtete Ramsay: »Nach dem Start versuchte er – vor allem in späteren Jahren – aus dem Pulk herauszukommen und opferte dafür sogar Höhe, um so schnell wie möglich frei und allein segeln zu können. Der Nahkampf war überhaupt nicht seine Sache.«

In der Chronik über die 100-jährige Geschichte des Nyländska Jaktklubben in Helsinki schreibt Tor Smedslund: »Gustaf Estlander war immer etwas auf Distanz zu seiner Umgebung. Er war wenig mitteilsam und schien immer mit neuen Gedanken und Ideen beschäftigt zu sein, was ihn für manch einen seiner Mitmenschen uninteressant machte.«

Gustaf Estlander
Mit seiner Beteiligung an der Berliner Pabst-Werft machte sich der Skandinavier bei deutschen Regattaseglern einen Namen.

Erste Erfolge

Estlander schloss 1898 sein Architekturstudium in Helsinki ab und gründete in der finnischen Hauptstadt mit John Zettergren das Architekturbüro Estlander & Zettergren. Bereits parallel zu diesem Berufsstart strebte der begeisterte Segler eine Karriere als Yachtkonstrukteur an und entwarf mit *Singoalla* gleich im ersten Jahr eine erfolgreiche Regattayacht. Im zweiten folgte *Flamingo* und 1900 dann *Aldebaran*. Schon bald gingen auch Aufträge für kleinere und größere Motorboote ein, darunter ein Fahrzeug für die finnische Zollbehörde.

Im Jahr 1901 wurde Estlander Chefkonstrukteur der Yachtwerft Hammars in der Nähe von Porvoo, etwa 50 Kilometer östlich von Helsinki. Aus dieser Stellung ergab sich manch interessante Zusammenarbeit. Einer der ungewöhnlichsten Aufträge dieser Zeit war der Schoner *Marsza*, der 1901/02 bei Hammars gebaut wurde, um die Zeitschrift »Fria Ord« – »das freie Wort« – von Stockholm nach Helsinki zu schmuggeln, eine Protestschrift gegen die autoritäre russische Herrschaft und deren Zensur.

Die *Marsza* war mit einem Kielschwert ausgestattet, um den Zollfahrzeugen, von denen paradoxerweise ja auch eins auf Estlanders Reißbrett entstanden war, über die flachen Schärengewässer entkommen zu können. Trotz dieser anfänglichen Erfolge war Estlander mit seinem Karrierestart als Yachtkonstrukteur nicht zufrieden. Die *Aldebaran* unterlag im prestigeträchtigen Tivoli Cup der schwedischen *Ester* von Gunnar Mellgren. Der Werftbetrieb in Porvoo geriet in finanzielle Schwierigkeiten. In den Jahren von 1904 bis 1914 widmete sich Estlander daher vornehmlich der lukrativeren Architektur und entwarf mit seinem Partner mehr als 30 Wohngebäude in der damals stark wachsenden Stadt Helsinki. »Ich entwerfe Häuser, um segeln zu können«, so sein Kommentar.

Doch irgendwann konnte Estlander seiner Berufung nicht länger widerstehen und widmete sich ganz der Yachtkonstruktion, dem Bootsbau und der Segelei. Im Jahr 1915 wurde sein letztes Gebäude in Helsinki fertiggestellt, an der Estnäsgatan 9.

Der gewählte Zeitpunkt erwies sich für sein berufliches Vorhaben als denkbar schlecht. Der Ausbruch des Ersten Weltkriegs beendete das internationale Regattageschehen über Nacht. Überhaupt hatte der Segelsport in diesen schwierigen Zeiten keine große Priorität. Estlander nutzte die Zeit für Analysen und Überlegungen zu Konstruktionen nach der 1907 eingeführten Schärenkreuzer-Regel in der Form ihrer ersten Änderung, die im Jahr 1916 erfolgte, um den immer extremeren Designs entgegenzuwirken.

Die Chance für den erhofften Neustart als Yachtkonstrukteur ergab sich für Estlander im Jahr 1917, als Finnland sich infolge der Revolution in Russland vom ehemaligen Zarenreich lösen konnte. Während des Krieges hatte Estlander seine Ideen bei der Konstruktion des 22-qm-Schärenkreuzers *Colibri II* zu Papier gebracht, der nun gebaut und erfolgreich gesegelt wurde.

Pekka Barck schreibt in seinem Buch »Finland Segeljakter«: »Einer der innovativsten Entwürfe Estlanders war der 22er-Schärenkreuzer *Colibri II*. Er hatte ein scharf geschnittenes Vorschiff und lange Überhänge, extremen Mastfall und war wesentlich schwerer als frühere Schärenkreuzer. Der Konstrukteur steuerte die *Colibri II* selber und schlug die schwedische Elite in einem Sturmrennen auf der Sandhamns-Woche 1918. Estlander verkaufte das Boot am Ende der Saison nach Schweden, nachdem er 31 von 32 gesegelten Regatten gewonnen hatte. Die Konstruktion löste eine Revolution im Yachtdesign aus und brachte eine Flut von Aufträgen für Estlander, der durch *Colibri II* von St. Petersburg bis Stockholm bekannt geworden war.«

Tatsächlich war Estlander am Ruder der *Colibri II* unglaubliche 40 Minuten vor der Konkurrenz in seiner Klasse im Ziel gewesen. Was nun folgte, waren die erhofften Aufträge – und zwar aus ganz Nordeuropa.

Estlander war nun selber fest davon überzeugt, die Schärenkreuzerformel zu beherrschen. Und er sollte recht behalten. Noch im Jahr 1918 entwarf er die als längster und schnellster Schärenkreuzer in die Yachtsportgeschichte eingegangene *Singoalla*.

Henrik Ramsay beschrieb das Boot später in »Till Rors med Segel och Motor«, Ausgabe 6 im Jahr 1951: »Eine der Sehenswürdigkeiten im Sommer 1919 war der größte Schärenkreuzer der Welt, die brandneue 150-qm-*Singoalla*. Sie segelte direkt von der Hästholm-Werft nach Sandhamn. Das Boot war mit 23,9 Meter über Deck enorm lang. Die Breite betrug 3,35 Meter. Das Verhältnis von Breite zu Länge war mit 1:7 extrem. Die Einrichtung war elegant, mit weichen Teppichen, bunten Vorhängen und WC. ›So müssen sie jetzt sein‹, sagte Estlander leicht verlegen, als er uns den Luxus zeigte. Nach Problemen mit dem Mast wurde *Singoalla* im ersten Sommer nicht gesegelt. Im Folgejahr umrundete sie die Ostsee und stellte dabei einen neuen Geschwindigkeitsrekord auf.«

Der englische Segler und Yachtkonstrukteur Uffa Fox, ein großer Freund der Schärenkreuzer-Regel, würdigte den Riss 1936 in »Sail and Power«: »Die Linien, gezeichnet vom Meister Estlander, gelten heute noch als schön. Und das wird für alle Zeit so bleiben.«

Der Erfolg der *Colibri II* hatte Estlander zum Star gemacht und brachte ihm eine Stelle bei Abeking & Rasmussen ein, von wo aus er kurz darauf als Chefkonstrukteur zur Pabst-Werft in Köpenick bei Berlin wechselte. In dieser Zeit bestand in Deutschland ein großes Interesse an Schärenkreuzern. Nach dem Ersten Weltkrieg war man nämlich auch im Segelsport von der internationalen Staatengemeinschaft isoliert. Mit den Schweden aber, die nicht am Krieg teilgenommen hatten, herrschte reger Austausch. Und da dominierten nun mal die Schärenkreuzer das Regattageschehen.

Sk 75 *Trumph* – die Klassenbeste räumt ab

Im Jahr 1919 entwarf Estlander den 75-qm-Schärenkreuzer *Sun*, der aber nicht erfolgreich wurde. Aus dieser Erfahrung entstand 1920 eine neue Konstruktion. Der 75er-Trumpf, ein revolutionäres Design, wurde auf der Pabst-Werft für deren Inhaber Richard Borck gebaut. Im Unterschied zu den schnellsten Schären der damaligen Zeit hatte der vollere Linien, eine längere Wasserlinie und größere Überhänge. Die Gesamtverdrängung betrug etwa sieben Tonnen, wobei knapp 60 Prozent auf den Bleikiel entfielen. Als *Trumph* erwarb sich der Schärenkreuzer in den 1920er-Jahren unter finnischer Flagge den Ruf als schnellster 75er, indem er an der schwedischen Küste abräumte, was es abzuräumen gab. In Finnland selber waren die Rennen der Schärenkreuzerklassen damals bereits eingestellt. Stattdessen wurden sämtliche Segelyachten in Größenordnungen eingeteilt, die größten Boote in die Klasse A, die etwas kleineren in Klasse B und so weiter. *Trumph* erhielt die Bezeichnung B 12, die bis 1983 auf dem Großsegel stand. Die *Trumph* wurde um 1930 von Holger Swahn gekauft, dem Steuermann des Vorbesitzers. Sie ist heute noch im Besitz der Familie.

Sk 95 *La Morena* – ein schnelles Regattaboot mit Familienkomfort

Ebenfalls auf der Pabst-Werft entstand die von Estlander entworfene Sk 95 *Roxane III*. Das Boot wurde für Fritiof Dahl in Schweden gebaut und heißt heute *La Morena*. Es ist im Besitz von Nils Forsfält, der sich mit Estlanders Erfolgsgeheimnis befasst hat.

»Als Estlander sich während der Arbeit an *Colibri II* intensiv mit der Schärenkreuzer-Regel auseinandersetzte, knackte er deren Code. Nachdem die Schärenkreuzer-Regel 1925 ein zweites Mal überarbeitet wurde, gelang ihm das erneut. Ich glaube, er hat herausgefunden, dass ein Boot, das krängt, nicht den Bug heben und den Trimm verlieren darf, also den Winkel des Kiels im Verhältnis zur Fahrtrichtung des Bootes im Wasser. Estlander reffte nicht gern und segelte sehr hart. Auf allen Bildern sieht man ihn so segeln. Darin liegt ein Großteil seiner Genialität.«

In Deutschland begannen mit dem Vertrag von Versailles Mitte 1919 schwere Zeiten. Die Zahlung von Kriegsreparationen führte zu einer Hyperinflation im Lande. Es wurde für Estlander immer schwieriger, hier in dieser turbulenten Zeit zu arbeiten. Damit nicht genug, wurde die Pabst-Werft am 23. März 1923 von einem Großbrand heimgesucht, der nahezu alle Boote vernichtete, die zu allem Übel nicht versichert waren. Fünf 40-qm-, ein 55-qm-Schärenkreuzer und zwei 6-mR-Yachten gingen verloren. Obwohl Estlander bereits beschlossen hatte, sein Wirken nach Stockholm zu verlegen, gab der Brand den letzten Ausschlag für den Umzug.

Den Kontakt zur Pabst-Werft, die nach dem Brand wieder aufgebaut wurde, brach Estlander nicht ab. Und so kam es auch zu Entwürfen nach den neuen Regeln für eine nationale Kreuzerklasse des Deutschen Seglerverbandes. Richard Borck, Mitglied des Segelclubs Ahoi und Inhaber der Pabst-Werft in Berlin-Köpenick, baute etwa 1925 für sich und seine Familie einen 75-qm-Nationalen Kreuzer nach Plänen von Estlander. Er nannte ihn *Trumpf II*; seit 1962 segelt das Schiff als *Petrus* auf dem Bodensee. Noch heute geht *Petrus* häufig erfolgreich auf Regatten.

Die Rückkehr der R-Boote mit internationalem Wettbewerb

Mitte der 1920er-Jahre nahm in Skandinavien auch das mit Ausbruch des Ersten Weltkriegs erloschene Interesse an den internationalen Meterklassen wieder zu. Estlander selber hatte schon 1912 mit seinem Fife-Achter *Örn* den vierten Platz auf den Olympischen Spielen vor Nynäshamn ersegelt. In der zweiten Hälfte der 1920er-Jahre waren Meteryachten nun wieder gefragt. Estlander konstruierte in dieser Zeit erfolgreiche Boote diverser Klassen für Auftraggeber aus den verschiedensten Ländern. In Schweden war zu der Zeit die 6-mR-Klasse besonders populär. Estlander konstruierte gleich mehrere erfolgreiche Sechser. Deren international am heißesten umkämpfte Trophäe war der Gold Cup. Um ihn zu gewinnen, musste mit einem Boot angetreten werden, dessen Designer die Staatsangehörigkeit des Landes hatte, für das die Mannschaft ins Rennen ging. Vieles deutet darauf hin, dass der bekannte schwedische Segler Sven Salén Estlander Mitte der 1920er-Jahre dazu ermunterte, die schwedische Staatsangehörigkeit anzunehmen. Jedenfalls gewann Salén 1927 den Gold Cup mit der von Estlander konstruierten 6-mR-Yacht *May Be II* in der Oyster Bay, USA.

Trotz gesundheitlicher Probleme arbeitete Estlander auch in der zweiten Hälfte der 1920er-Jahre fieberhaft an neuen Sechser-Entwürfen und zeichnete auch zahlreiche Achter. Am berühmtesten wurde *Cheerio*, die Estlander 1929 für Gunnar Grönblom entwarf und baute. *Cheerio* nahm erfolgreich an zahlreichen Regatten teil, unter anderem an den Olympischen Spielen 1936 vor Kiel. Später landete das Boot in San Diego, wo es in den Jahren 1962 bis 1965 von Doug Peterson, Lowell North, Dennis Conner und Malin Burnham zu zahlreichen Erfolgen gesegelt wurde. Noch Jahre später erinnerte sich Doug Peterson, inzwischen selbst ein innovativer Yachtdesigner mit internationalem Renommee, gern an die Zeit auf *Cheerio* zurück und erwähnte, dass einige von Estlanders Ideen aus dem Jahr 1929 sogar in den America's Cup eingeflossen seien. Denn 1992 half Peterson bei der Konstruktion der International America's Cup Class Yacht *America III*, die den Cup vor San Diego verteidigte.

Mälar 22 – ein Vorgeschmack auf Einheitsklassen

Nicht nur in Sachen Design betrat Estlander regelmäßig Neuland. Schon zu Beginn des Jahrhunderts hatte er für die Werft in Porvoo eine frühe Einheitsklasse entworfen, von der 14 Boote gebaut wurden. Am Ende seiner Laufbahn nahm Estlander diesen Faden mit dem 22-qm-Schärenkreuzer Mälar 22 wieder auf.

Dessen Entwicklung ging im Jahr 1929 ein Beitrag Estlanders für die Zeitschrift »Havsörnen« voraus. Darin wies der Konstrukteur auf das Problem der steigenden Kosten hin, die der breiten Bevölkerung den Zugang zum Segelsport erschwere. Als Lösungsvorschlag entsteht der Entwurf für die Mälar 22. Es wird eine der erfolgreichsten schwedischen Einheitsklassen.

Das Boot ist einfach zu segeln und für seine Größe schnell. Obwohl seit 1929 nur etwa 130 Boote gebaut wurden, genießt die Klasse heute noch schwedischen Meisterschafts-Status.

„Gustaf"
Der Schärenkreuzer entstand 2017 auf der Werft von Josef Martin in Radolfzell am Bodensee nach einem Design von Estlander, welches er 90 Jahre zuvor entworfen hatte. Er wurde zuvor nie gebaut.

„La Morena"
Der 95-qm-Schärenkreuzer zählt zu den wenigen Exemplaren dieser großen Klasse und verzaubert die Freunde dieser langen, schlanken Boote noch heute, wenn er an einer der schwedischen Klassikerregatten teilnimmt.

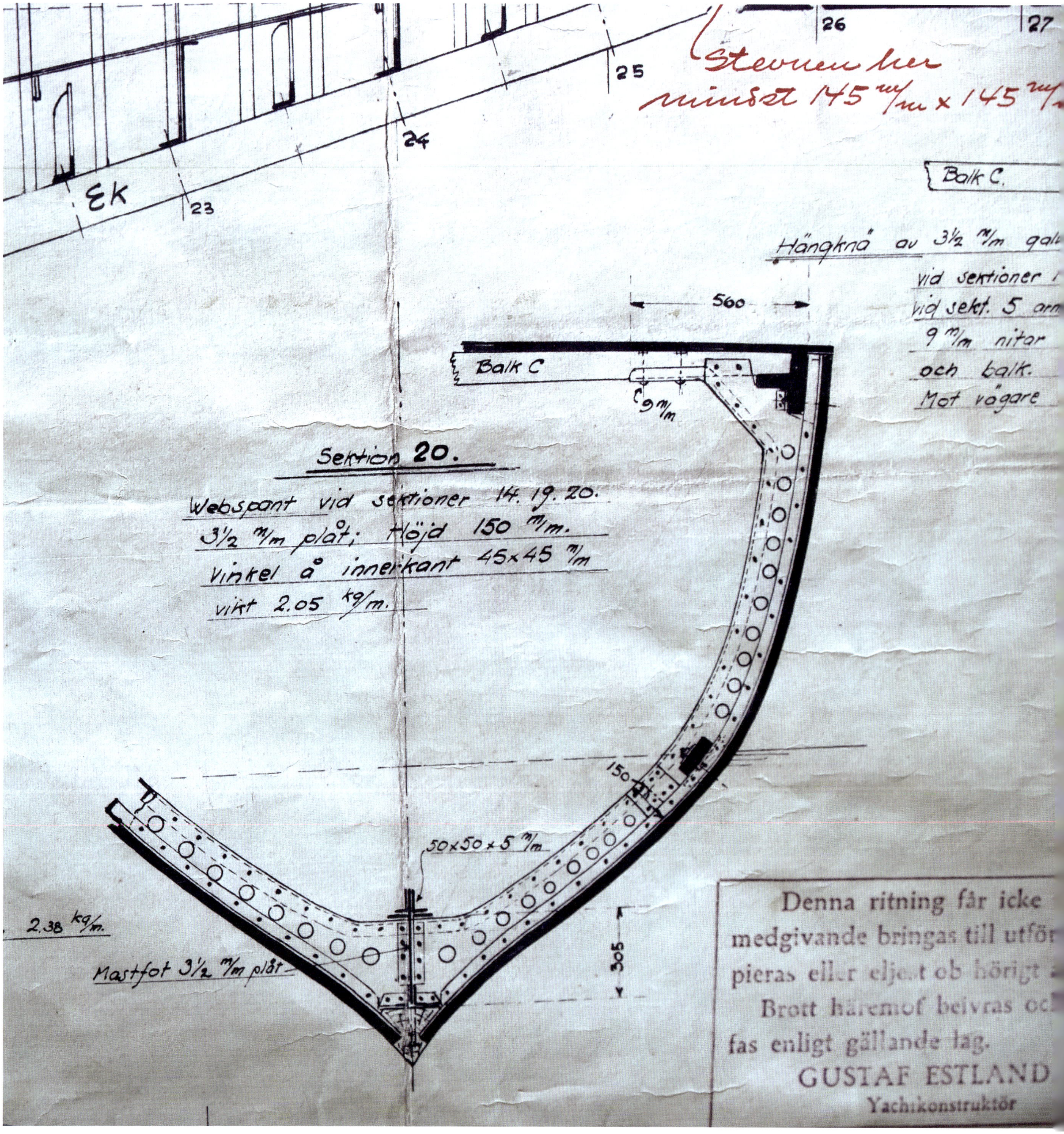

26
27
25
24
23
Ek
Stevnen her minst 145 m/m x 145
Balk C.
Hängknä av 3½ m/m
vid sektioner
vid sekt. 5
9 m/m nitar
och balk.
Mot vägare
560
Balk C
9 m/m
Sektion 20.
Webspant vid sektioner 14. 19. 20.
3½ m/m plåt; Höjd 150 m/m.
Vinkel å innerkant 45×45 m/m
vikt 2.05 kg/m.
150
50×50×5 m/m
2.38 kg/m.
Mastfot 3½ m/m plåt
305
Denna ritning får icke
medgivande bringas till utför
pieras eller eljest ob hörigt
Brott häremot beivras oc
fas enligt gällande lag.
GUSTAF ESTLAND
Yachtkonstruktör

Handschrift
Viele der Konstruktionen Estlanders finden sich heute in den Archiven des Schwedischen Schifffahrtsmuseums in Stockholm.

12-mR *Princess Svanevit* – die Krönung eines Lebenswerks

Anlässlich des 100-jährigen Bestehens der Königlich Schwedischen Segelgesellschaft wollte der Verleger Erik Åkerlund ein Zeichen setzen und den schwedischen Bootsbau fördern. Er beauftragte Gustaf Estlander mit der Konstruktion der 12-mR-Yacht *Princess Svanevit*. Das Boot wurde auf der Stockholms Båtbyggeri von August Plym gebaut und rechtzeitig fertiggestellt, um an den Jubiläumsfeierlichkeiten der KSSS im Sommer 1930 teilnehmen zu können. Erik Åkerlund schrieb anschließend: »Estlander hat sich am Zeichenbrett und auf der Regattabahn als Künstler erwiesen.«

Die Öffentlichkeit teilte Åkerlunds Begeisterung, der Riss galt als einer der schönsten seiner Klasse. Ein prominenter Bewunderer von *Princess Svanevit* war Tore Holm. Der schwedische Konstrukteur war beruflich und auf der Regattabahn Estlanders stärkster Konkurrent. Die Beziehung der beiden Granden war von gegenseitigem Respekt geprägt. Tore Holm steuerte die *Princess Svanevit* 1933 auf den Regatten vor Cowes. Über ihren Konstrukteur urteilte er: »Estlander hat mehr für die Entwicklung des Segelsports geleistet als jeder andere. Beeinflusst von seinen Erfahrungen als Ausnahmesegler konnte er erfolgreich experimentieren und revolutionäre Designs entwickeln. Als Steuermann auf Regatten hatte er keine ernsthafte Konkurrenz.«

Nach einem längeren Aufenthalt in England wird das Schiff in Stockholm für den Stapellauf im Jahr 2022 umfassend renoviert.

Ein Leben für die Arbeit fordert Tribut

Als Estlander die *Princess Svanevit* konstruierte, war er bereits erschöpft und von Krankheit gezeichnet. In einem Brief an seinen Bruder Ernst schrieb er am 31. Oktober 1929: »Rückkehr am Dienstag aus Berlin und Hamburg. Ich hatte 40,8° Fieber. Ich bin es leid, Boote zu zeichnen. Dein müder Bruder.« Estlander litt unter starken Bauchschmerzen, aber die Ärzte konnten nicht feststellen, woran er erkrankt war. Bei der Sandhamn-Regatta und der 100-Jahr-Feier der KSSS im Jahr 1930 war Estlander zum letzten Mal in der Öffentlichkeit zu sehen. Am 1. Dezember 1930 verstarb er.

Die schwedische und finnische Segelwelt betrauerte den schon zu Lebzeiten als Konstrukteur und Segler heldisch verehrten Estlander. Nach der Trauerfeier wurde er in Stockholm eingeäschert, die Asche von seinem Sohn Tancred in einer seiner begehrtesten Regattatrophäen nach Finnland gebracht und im Familiengrab auf dem Sandudd-Friedhof in Helsinki beigesetzt.

Der Name Estlanders wird in einem Atemzug mit Herreshoff, Fife und Anker genannt. Rund 800 seiner Designs wurden gebaut. Das Stockholmer Konstruktionsbüro Estlanders wurde nach dessen Tod von dem nur 24 Jahre alten Mitarbeiter Knud Reimers fortgeführt.

Epilog – Sk 75 *Gustaf*

Noch heute zieht der aus Finnland stammende Gustaf Estlander Segler, Bootsbauer und Konstrukteure in seinen Bann. Mit dem 2017 auf der Werft von Josef Martin fertiggestellten Sk 75 *Gustaf* erhielt ein von Juliane Hempel in CAD übersetzter Riss Estlanders nach der Schärenkreuzer-Regel von 1925 sage und schreibe 90 Jahre nach seiner Konstruktion Gestalt. Warum er vorher nie gebaut worden ist, offenbarte sich der Konstrukteurin bei der Arbeit mit den Zeichnungen. Er war zu radikal, eine Fertigung den Werften wohl zu kompliziert. Doch der nach seinem Designer benannte Neubau setzt dem Konstrukteur ein echtes Denkmal. »Wer *Gustaf* segelt, spürt eine völlige Leichtigkeit und Unbeschwertheit, und er ist so schnell, wenn er sich durch das Wasser bewegt«, beschreibt Juliane Hempel das Faszinosum dieser Hinterlassenschaft des großen Konstrukteurs.

22 qm Mälar-kreuzer
Die in die Schärenkreuzerregel passende Einheitsklasse war Estlanders Antwort auf die immer teurer zu bauende Boote.

M22
88
M22
88

KEINE KOMPROMISSE

Eigenwillig, streitbar – vor allem aber ein begnadeter Konstrukteur.
Die *Germania* machte ihn 1908 weltberühmt.

Am Abend des 4. Juli 1908 ist Kaiser Wilhelm II. nicht amüsiert. Er hat zwar gut getafelt, in Borby nahe Eckernförde, wo der Potentat und andere Größen der Gesellschaft und der Segelwelt den Tag ausklingen lassen. Aber das vermag seine Laune wenig aufzuhellen. *Germania*, die flammneue Rennyacht des Stahlkochers Gustav Krupp von Bohlen und Halbach, hat die kaiserliche *Meteor III* mit der Segelnummer A1 soeben übel abgestellt. Dabei verlangt es Majestät nach angemessenen Platzierungen auf der Regattabahn, vorzugsweise nach Siegen.

Yachtkonstrukteur Max Oertz, beim illustren Bierabend ebenfalls zugegen, weiß eine Lösung. Das Problem lasse sich mit einer neuen *Meteor* beheben: »deutsch vom Kiel bis zum Flaggenknopf«, wie schon sein jüngstes Werk – ebenjener Schoner aus seiner Feder, auf den Wilhelm Zwo an diesem Tag gar nicht gut zu sprechen ist. Er, Oertz, Schöpfer der *Germania* und anderer schneller Konstruktionen, wisse, wie man so etwas macht.

Der Mann hat Chuzpe, er hat Wortwitz – und Überzeugungskraft. Ohne auch nur den leisesten Zweifel an seinem Vorschlag zuzulassen, gewinnt der damals erst 37-Jährige den Kaiser für sich. Ein Jahr später schon wird er als Architekt von *Meteor IV* zufrieden auf dem sogenannten »Kaiserkanapee« Platz nehmen, einer kommod gepolsterten Sitzgelegenheit vor dem Steuerstand des neuen 47-Meter-Schoners seiner Gnaden.

Ein Boot kann Leute machen. Für den Ingenieur aus Hamburg kommt der Auftrag von Kaiser Wilhelm II. einem Ritterschlag gleich. Dabei bedarf Max Oertz zu diesem Zeitpunkt längst keiner Ehrungen mehr. Für den ebenso leibesfülligen wie lebensfrohen Konstrukteur war schon *Germania* ein Höhepunkt seiner bemerkenswerten Laufbahn. Einer von vielen, in einer an Erfolgen und Durchbrüchen damals bereits reichen Vita.

Tatsächlich steht der findige Tüftler und mathematisch präzise Grenzgänger bis heute ziemlich allein in der deutschen Segelsportgeschichte. Kein Konstrukteur vor, kein Bootsbauer nach ihm hat je eine Epoche so sehr geprägt, hat international so schnell Anschluss und Anerkennung gefunden wie er. »Ohne ihn hätte der deutsche Yachtbau nicht schon zu seinen Lebzeiten Weltgeltung erhalten«, befand Kurt Oehlmann, selbst erfolgreicher Designer und Zeitgenosse von Oertz. So weit ging seine Bewunderung, dass Oehlmann zwei Jahre lang akribisch an einer Monografie des großen Vorbilds recherchierte. Weil er keinen Verleger fand, brachte er die Werksammlung in einem grünen Ringbuch mit Goldprägung schließlich selbst heraus.

Pflichtlektüre für jeden Konstrukteur, selbst heute noch – und ein Symbol für die Bedeutung, die Oertz' Entwürfen beigemessen wurde. »Was Meister Oertz die wärmsten Sympathien in allen Kreisen eingetragen hat, ist sein Arbeiten aus sich selbst heraus, sein nie versagender feiner Sinn für harmonische Formen, für die Ästhetik der Linienführung«, schrieb Oehlmann, fast schon hymnisch. »Nicht nur die Ausgewogenheit der Proportionen und die Zweckmäßigkeit seiner Yachten, deren Anblick ein ungewöhnlicher Kunstgenuss ist, sondern die Erfolge seiner Konstruktionen waren etwas Einmaliges.«

MAX OERTZ
YACHTWERFT
HAMBURG-NEUHOF

Yachtbau
1895 übernahm Max Oertz eine Hamburger Werft, auf der ein Vierteljahrhundert lang nach seinen Konstruktionen gebaut wurde.

So besonders Max Oertz' Errungenschaften erscheinen, so erstaunlich waren auch die Geschwindigkeit und Zielstrebigkeit, mit der er Karriere machte. Dabei hatte es der 1871 in Neustadt an der Ostsee geborene Sohn eines Schmiedeamtsmeisters alles andere als einfach. Er wuchs in eher einfachen Verhältnissen auf. Nah am Wasser zwar, und in einer Familie mit Schiffer-Genen. Doch im Alter von nur vier Jahren starben die Eltern; Max und seine drei Jahre ältere Schwester wurden über Nacht Vollwaisen. Eine Beamtenfamilie in Berlin nahm den Jungen schließlich auf und zog ihn groß. Ein jäher Bruch, aber auch eine zweite Chance. »Aus der Beschaulichkeit des holsteinischen Küstenstädtchens wurde (er) in die lebendige Hauptstadt des Deutschen Kaiserreichs verpflanzt«, schreibt Klaus Kramer in seiner gut dokumentierten Schriftenreihe zur Yacht- und Schifffahrtsgeschichte. Max Oertz kommt mit der Umstellung rasch zurecht. Die Schule fällt ihm leicht. Und Wasser gibt es auch in Berlin genug. Er schnitzt Bootsmodelle. Das machen viele junge Bengels. Als Gymnasiast jedoch lötet er sich aus Blech einen fünf Meter langen Flossenkieler zusammen – seine »Kakaobüchse«, wie er den Leichtbau selbst nennt. Eine Arbeit weit jenseits des üblichen Zeitvertreibs. Damit schippert er über die Oberspree, erschließt sich Segeln und Bootsbau gewissermaßen im Selbststudium. Spätestens von da an wird klar, dass Oertz seine Berufung gefunden hat.

Gerade 18-jährig, beginnt er 1889 ein Schiffbaustudium an der Technischen Hochschule in Charlottenburg, wo er sich bald für das neue Fach des Boots- und Kleinschiffbaus entscheidet. Oertz wird Mitglied im Akademischen Segler-Verein (ASV), verbessert seine seemannschaftlichen Fähigkeiten und unternimmt auf der Clubyacht *Matador* seinen ersten Hochseetörn. Als großer Segler vor dem Herrn geht er freilich nicht in die Chroniken der Vereinsgeschichte ein. Eher schon als lustiger Vogel, der immer einen geschliffenen Spruch auf den Lippen hat. In seiner Oertz-Biografie schildert Kramer den Studenten als »schmächtige Erscheinung«. Für seine Kameraden hieß er »Benjamin« – »der zarteste und unbedarfteste unter seinen Brüdern«. Er habe sich aber »mit der für ihn typischen Pfiffigkeit und kaum zu erschütternden Diskussionsgabe« durchzusetzen vermocht, so Kramer. Dieses rhetorische Geschick sollte Oertz später im Umgang mit hochmögender Kundschaft wie Krupp und Kaiser Wilhelm II. helfen.

Im Eilzugtempo schließt er sein Studium ab, wie zuvor schon die Schule, und heuert 1892 in Bremen-Vegesack bei der Friedrich Lürssen Werft an, die damals vor allem kleine Boote baut. Nach einer Stippvisite als Technischer Leiter der angesehenen Blekholmen Varv in Helsinki und als Konstrukteur in Sankt Petersburg, wo er sich mit ersten eigenen Rissen einen Namen macht, kehrt Oertz zwei Jahre später als selbstständiger Yachtkonstrukteur nach Berlin zurück.

Der Entwurf von *Luna*, einem rundspantigen Kielschwerter mit Wulstkiel und separatem Ruder, realisiert als wohl erste deutsche Aluminiumyacht in der Rostocker Neptunwerft, ist ein kalkuliert eingegangenes Wagnis für den jungen Ingenieur. Es bringt ihm seinen ersten Preis ein – und manifestiert die öffentliche Wertschätzung, die sich schon zuvor abzuzeichnen begann.

Doch Oertz will mehr. Beeinflusst von seinen Lehrjahren in Bremen, Helsinki und Sankt Petersburg, ist ihm das bloße Vorausdenken und Rechnen, das Entwerfen und Zeichnen nicht genug. Er will die von ihm konstruierten Boote auch unter eigener Regie fertigen. »Die Erfahrung«, sagt er in einem vielbeachteten Vortrag vor der Schiffbautechnischen Gesellschaft in Berlin, »ist die beste Lehrmeisterin, wie denn auch die Dimensionierung vieler Details einer Yacht lediglich Sache der Erfahrung ist.« Der Satz erscheint im Rückblick wie ein Manifest. Und er erklärt, warum der Konstrukteur schon 1897 zusammen mit seinem Freund und Finanzier Hans Harder auf der Insel Neuhof im Süden Hamburgs die Yachtwerft Max Oertz & Harder gründet.

Auch wenn er zunächst mit bescheidenen Mitteln wirtschaften muss, wenn sehr große Bauten wie *Germania* oder *Meteor IV* zehn Jahre später noch anderswo vernietet werden: Der eigene Betrieb vermittelt wertvolle Erkenntnisse aus der Praxis und ermöglicht dem fast manischen Perfektionisten die volle Kontrolle über seine Werke.

Wie Nathanael Herreshoff, der Magier von Bristol, oder William Fife, der Zauberer vom Clyde, beherrscht Max Oertz von nun an fast die gesamte Wertschöpfungskette des Yachtbaus.

Stets auf der Suche nach Optimierungspotenzial, entwickelt er die von Herreshoff begründete Diagonalkarweel-Bauweise weiter. Statt der kreuzweise übereinanderliegenden Doppelbeplankung setzt er auf das Nahtspantverfahren. Dabei werden innen auf die Nähte der horizontal angeordneten Planken Leisten geheftet, die für Dichtigkeit sorgen und als kleine Stringer für zusätzliche Längssteifigkeit. »Man erhält so außerordentlich feste und namentlich elastische Boote«, erklärt Oertz. »Die Gewichtsersparnis am Rumpf ermöglicht es, 60 bis 64 Prozent des Deplacements als Ballast in den Kiel zu geben.«

Der bahnbrechende, die Zukunft vorwegnehmende Aluminiumbau der *Luna* und die Entwicklung des Nahtspantverfahrens weisen Oertz als innovativen, am yachtbaulichen Fortschritt interessierten Mann aus. Er ist der prototypisch deutsche, an konkreten Lösungen arbeitende Ingenieur, der mit eigenen Ideen und Patenten Erfolg sucht. In der Oertz'schen Werft entstehen über 50 Exemplare der von Wilhelm II. angeregten Sonderklasse, darunter drei *Samoas* für den Kaiser und fünf *Angelas* für den Kronprinzen.

Mit der Fertigung der Beiboote und Motorbarkassen für die Yachten *Hohenzollern*, *Iduna* und *Meteor* avancierte der Bootsbaubetrieb bald zum Hoflieferanten mit dem Spitznamen »Kaiserwerft«. Nach dem Ausstieg von Harder führt er die Firma allein weiter.

Auch privat arriviert Oertz. Die Hochzeit mit Anna Emilia »Emmi« Banks, Tochter einer gutsituierten Hamburger Kaufmannsfamilie, bringt ihn 1903 auf Augenhöhe mit vielen seiner vermögenden Kunden. Ein Haus in Alsternähe wird zum repräsentativen Wohnsitz. Fahrer Gerhard chauffiert den Wagen, eine Kinderfrau kümmert sich um die beiden Söhne. Um rasch in die Werft zu kommen, lässt er sich morgens von der eigenen Barkasse am Elbufer abholen. Es ist das goldene Zeitalter des Yachtsports – und des Max Oertz. Selbst im Ausland fällt sein Name nun immer häufiger.

1906 brilliert die *Felca* der Eigner Felix Simon und Carl Hagen vor dem französischen Trouville in einer für Oertz völlig neuen Bootsklasse. Die Regatten um den Coupe de France galten damals als innereuropäischer America's Cup, ein Sieg als Ehrenabzeichen. Rasch eignet sich Oertz auch die Finessen der Meteryacht-Klassen gemäß der damals gerade verabredeten International Rule an. Von seinem Reißbrett und aus seinem Bootsbaubetrieb stammen viele, darunter namhafte Achter, Zehner, Zwölfer und der 19er *Cäcilie*.

Das Interesse des Konstrukteurs und Bootsbauers gilt in erster Linie der sach- und materialgerechten, hochwertigen Ausführung. Oertz ist pingelig bis pedantisch, was der Güte seiner Erzeugnisse zugutekommt und seinem Ruf förderlich ist. Für Kosten und Budgettreue interessiert sich der Ingenieur dabei freilich weniger.

Legendär sind seine Auftritte bei Probeschlägen. »So ein Kuhsturm muss wehen, dann weiß dieses Schiff erst, wozu es gebaut wurde«, poltert er. Die YACHT beschreibt eine Abnahmefahrt des großen Mannes so: »Die Wucht des massigen Körpers hinter das Ruderrad gestemmt, kommandierte er: ›Alle Schoten fest angeholt, Backstagen dicht, Topsegel strecken! Jetzt will ich euch mal zeigen, was für ein Schiff ihr habt.‹ Schon legte sich die Yacht über, dem Eigner wurde ganz blümerant. Ohne Kommando zu geben, wendete Oertz, drehte schließlich das Schiff unvermittelt im Kreis, bevor er es auf Kurs legte, bis das Log 14 Knoten anzeigte. ›Nun weiß ich, daß alles gut ist. Hier habt ihr euren Kahn!‹«

Seine starke Autorität, seine technisch orientierte Arbeitsweise, seine mit Ideenreichtum gepaarte Gründlichkeit, promoviert durch Erfolge auf heimischen wie internationalen Regattabahnen – all das macht den Mittdreißiger schließlich zur natürlichen Wahl für den Konstruktionsauftrag von *Germania* 1907, dem ein Jahr später bereits der für *Meteor IV* folgt. Ein atemberaubender Aufstieg.

„Germania"
Der Großindustrielle Alfried Krupp vertraute dem aufstrebenden Konstrukteur und ließ ihn 1908 den großen Schoner konstruieren, der in nur sechs Monaten auf Krupps Werft in Kiel gebaut wurde und gegen Kaiser Wilhelms Schoner „Meteor" segelte.

12
E3

Der Rennschoner des Kaisers veranlasst Krupp prompt zur Überarbeitung von *Germania*, was 1912 wiederum Optimierungen an *Meteor IV* erforderlich macht. »Seine Majestät möchte nunmehr auch solchen Verbesserungen nähertreten«, kabelt Wilhelm II. an Oertz. Sofern er Interesse habe, schließt das Telegramm, »mit Kapitän zur See Begas in Verbindung setzen«. Die beiden, Begas und Oertz, waren sich schon vorher nicht grün. Über die Umbaupläne – mehr Tiefgang, mehr Tuch – geraten sie jedoch richtig aneinander. Begas, der Berater des Kaisers, hält die Modifikationen für zu weitgehend. Oertz schäumt wie das Kielwasser des Schoners bei Rumpfgeschwindigkeit: »Auf Konzessionen irgendwelcher Art lasse ich mich nicht ein!« Er wendet sich direkt an den Kaiser, überzeugt oder überredet ihn, so genau weiß es niemand, und bekommt schließlich freie Hand. »Begas ist ausgeschaltet«, triumphiert Oertz. Er war eben ein Gestalter – mit aller Konsequenz. Ein Freund von Kompromissen war er nicht.

Noch einmal bekommt er ein Prestigeobjekt, sein letztes für die ganz große Bühne. »Mein liebstes Kind«, wie er es nennt: *Meteor V*. Sie geht 1914 zu Wasser, kann aber nie wirklich zeigen, was in ihr steckt. Der Erste Weltkrieg wird für das Boot wie für Oertz selbst zur Zäsur.

Aufträge für die Reichsmarine lasten die Oertz-Werke im Krieg aus, darunter Schnellboote, Minenräumer und U-Boot-Zerstörer. Andere Produkte, eine so ganz andere Zeit. Auch Wasserflugzeuge und Komponenten für die Luftfahrt baut und entwickelt er – ein Metier, das ihn schon vor der Werftgründung fasziniert hatte. Selbst in den schweren Inflationsjahren der Nachkriegszeit kann Max Oertz den Betrieb zunächst aufrechterhalten, entwirft sogar wieder schöne Kreuzeryachten. Doch 1922 bricht er den Kontakt zur Werft ab, die darauf ins Trudeln gerät. Als sein letztes Boot, *Ingorata*, 1929 Stapellauf feiert, ist er erstmals nicht mit dabei. Eine Ära, die Ära Max Oertz, geht zu Ende.

„Heti"
Der First-Rule-Zwölfer wurde 1912 auf der Werft von Max Oertz am Hamburger Reiherstieg gebaut und 2002 bis 2005 originalgetreu mit Gaffelrigg restauriert. Er segelt seither in Norddeutschland.

„Senta“
Die Spreizgaffelketsch ist ein bis heute in Bestzustand erhaltenes Beispiel für die schnellen und seetüchtigen Hochseeyachten aus der Feder Max Oertz'.

MEISTER DER MAGIE

Beseelt vom Streben nach Perfektion. Gesegnet mit einzigartigen Talenten. Getrieben von seiner Liebe zur See. Nathanael G. Herreshoff war alles, was einen guten Yachtkonstrukteur ausmacht. Und mehr. Der Beste, bis heute.

M Mitte April 1903. Eine kalte, steife Brise aus Ost fegt über die Küste Neuenglands. Zu rau eigentlich für einen Probeschlag, zu unwirtlich zum Segeln. Doch die Zeit drängt, wie immer, wenn ein Boot fertig werden muss. Da stört die eisige Gischt nicht. Und der unbarmherzige Wind scheint wie gemacht für die Ausfahrt.

Es sind die ersten Meilen für ein Boot, wie es die Welt noch nicht gesehen hat. *Reliance* heißt es, ein 61 Meter langes Projektil mit niedrigem Freibord und schmalen, schier endlosen Überhängen. Kaum jemand weiß bis zu diesem Zeitpunkt von dem Geheimprojekt, das in kaum mehr als drei Monaten auf Kiel gelegt worden ist. Eine beängstigend kurze Bauzeit, eigentlich eine Unmöglichkeit. Aber dafür sind sie hier bekannt, in Bristol.

An Bord der radikalen Yacht, die noch im selben Sommer den America's Cup verteidigen soll, stehen zwei Männer, die sich auskennen mit Wundern. Charlie Barr, der schon zu dieser Zeit legendäre Skipper. Neben ihm Nathanael G. Herreshoff, der nicht minder berühmte Konstrukteur. Um *Reliance* am Limit zu segeln, brauchen die beiden eine Besatzung in Kompaniestärke. Die Crew, die sie mit knappen Anweisungen befehligen, zählt nicht weniger als 62 Mann. Und sie versteht ihr Handwerk.

Mit bis zu 20 Knoten rauscht das majestätische Schiff von Bristol über die Narragansett Bay, hinaus auf den Atlantik, um Block Island herum und wieder zurück. Mehr als 60 Seemeilen, zurückgelegt an einem Nachmittag. Der Anblick des riesigen Seglers, der zu fliegen scheint, ist so überwältigend, dass sich beim Leuchtfeuer von Castle Hill Hunderte Schaulustige versammeln, um dieses Wunderwerk der Technik zu bestaunen. Mit ihren mehr als 160 Tonnen Verdrängung bügelt *Reliance* die kurze, ruppige See. Zurück bleibt nichts als weiß schäumendes Kielwasser, ein schmaler, scharfer, schnurgerader Streifen nur.

Als die Hallen der Werft am Horizont auftauchen, überlässt Charlie Barr dem Konstrukteur das Ruder. Es ist nicht das erste Mal an diesem Tag. Der Skipper weiß um das seglerische Talent von Herreshoff. Die beiden haben manches Cup-Match gemeinsam bestritten. Schon eine Seemeile vor dem Hafen befiehlt Captain Nat, wie sie ihn respektvoll nennen, die Segel zu streichen.

»Früh, zu früh«, glauben viele an Bord. Auch Charlie Barr wirkt skeptisch. Doch Herreshoff ist ein Instinktmensch. Er sieht das Manöver vor sich, bevor andere auch nur anfangen, über den richtigen Zeitpunkt nachzudenken. Mehr als zehn Minuten lässt er die *Reliance* durchs Wasser gleiten, ohne jeden Antrieb. Bis er, wie in Zeitlupe, mit dem letzten Rest an Fahrt genau die Muringboje erreicht. Applaus brandet auf an Bord. Barr klopft ihm anerkennend auf die Schulter. Es ist der perfekte Schlusspunkt einer an sich schon aufsehenerregenden Jungfernfahrt.

Zufall? Glück? Seemannsgarn nur? Was bei anderen als Erklärung taugen mag, zumindest in Erwägung gezogen werden muss, greift bei ihm zu kurz: Nathanael Herreshoffs Erfolge, die großen wie die kleinen, lassen sich nicht zu Launen des Schicksals umdeuten. Allenfalls als Ergebnis einer göttlichen Begabung.

Captain Nat
Der als Zauberer von Bristol in die Geschichte des Yachtsports eingegangene Konstrukteur wurde vom Instinkt geleitet - und das fast immer zum Erfolg.

P 5 15 9

„P-Class“
Die gut 16 Meter lange Konstruktionsklasse unter dem Dach der Universal Rule von 1902 galt als Vorbild für den America's Cup. Entsprechend tummelten sich hier auch die Konstrukteure jener Zeit, allen voran N. G. Herreshoff.

Kein Konstrukteur vor oder nach ihm hatte so vielfältige Talente, keiner entwickelte so gewagte Visionen, keiner arbeitete so konsequent an ihrer Umsetzung wie jener Mann, den sie den »Magier von Bristol« nannten.

Und das war er, ein Zauberer.

Ob am Ruder einer vier Meter langen Gaffeljolle oder am Steuer von *Vigilant*, mit der er 1893 den America's Cup gewann; ob in seiner Werkstatt beim Hobeln maßstabsgetreuer Holzmodelle oder als technischer Vormann seiner imposanten Werft, die vom Rumpf bis zu den Segeln alles in Eigenregie fertigte – stets trachtete Herreshoff danach, sein Wissen zu vertiefen, Prozesse zu verbessern, Yachten nicht nur schneller zu machen, sondern wenn möglich auch noch in kürzerer Zeit zu bauen als je zuvor.

Legendär wie er selbst sind seine technischen Errungenschaften: Durchgehende Latten, diagonale Segelbahnen, hohle Masten, Gabelbaumriggs, Längsspanten, Aluminiumrümpfe, Flossen- und Wulstkiele, die Vormwind-Kreuz sowie unzählige Verbesserungen bei Beschlägen und Ausrüstungsdetails gehen auf ihn zurück. Und was er nicht selbst erfunden hatte, setzte er zumindest als Erster erfolgreich in die Praxis um. So weit reicht das Lebenswerk von Captain Nat, dass noch Generationen nach ihm unter Konstrukteuren der Spruch kursierte, vor der Ankündigung einer vermeintlichen Innovation »besser erst einmal bei Herreshoff nachzuschlagen«. Die Wahrscheinlichkeit, dass er die gleiche Idee im Zweifel schon hundert Jahren zuvor entwickelt hatte, war einfach zu groß.

Seine beispiellose Lebensleistung ist das Produkt von Leidenschaft und Selbstdisziplin, nicht enden wollender Neugier und selbst auferlegter Struktur – Eigenschaften, die sich scheinbar ausschließen, bei ihm aber, dem Magier, sich auf wundervolle Weise ergänzten. Nichts erschien ihm gleichgültig, kaum etwas so unerheblich, dass er sich nicht darin vertiefen konnte.

Die Glasvitrine in seiner Werkstatt, in der er wichtige Bücher aufbewahrte, ist ein Beleg dieser Besessenheit, dieses alles umfassenden Drangs nach der bestmöglichen Lösung. Der Berichtsband eines Materialprüfungsinstituts von 1878 über die Eigenschaften von »Eisen, Stahl und anderen Materialien« findet sich dort ebenso wie die Jahrbücher der »Institution of Naval Architects« oder das damalige Standardwerk »Propellers« von MIT-Professor Peabody. Aber Herreshoff beließ es nicht bei bloßer Fachliteratur. Er strebte auch sonst nach Perfektion. So ergänzen eher randständige Titel die Arbeitsbibliothek des Ingenieurs: das Handbuch »Effective Business Letters« etwa, oder der juristische Ratgeber »Putman's Handy Lawbook for the Layman«.

Man sah ihm die beinah erschreckende Entschlossenheit nie an, schon gar nicht in frühen Jahren. Der Konstrukteur, der schon zu Lebzeiten Weltruhm erlangte, wirkte meist schüchtern, wenig entschlossen, eher akademisch versonnen denn zupackend. Doch der Eindruck täuschte. Er war stets ein Mann von Prinzipien. Das musste auch ein prominenter Eigner erfahren, der in Bristol einen neuen Entwurf in Auftrag geben wollte, nachdem seine Yacht zuvor in einer Regatta empfindlich geschlagen worden war. Captain Nat schickte eine Skizze für ein Schiff mit tiefem Kiel. Als der Kunde ihn wissen ließ, das Wasser im Hafen sei dafür zu flach, übermittelte Herreshoff ungerührt: »Empfehle Ausbaggern.« Die Antwort des Interessenten ist nicht überliefert. Es war kein Geringerer als Wilhelm II., der deutsche Kaiser.

Seine Ziele verfolgte Herreshoff mit Entschiedenheit. Man kann das ruhig preußisch nennen. Zwölf Stunden am Tag widmete er sich seinen Geschäften, oft mehr. Und das an sechs bis sieben Tagen die Woche, fast fünfzig Jahre lang. Da blieb wenig Raum für ein Schwätzchen, für nette Worte, was ihm den Ruf eines harten Hunds eintrug. Nur wenn es ums Segeln ging, erlaubte sich Herreshoff gelegentlich kurze, wohlkalkulierte Auszeiten. Mal mit der Familie am Wochenende, mal nach Feierabend, für eine Stunde, ganz allein. »Fast immer war da eine

Jolle, die im Bootshaus aufgeklart wartete, oder ein Kajütkreuzer, der mit angeschlagenen Segeln an der Boje lag«, erinnert sich Halsey Herreshoff, sein Enkel. Schnell musste es gehen, wie immer.

Sein Weg war entbehrungsreich. Aber er war so geradlinig wie das Kielwasser der *Reliance* auf ihrer Jungfernfahrt in der Narragansett Bay. Als Nathanael Greene Herreshoff 1848 auf einer Farm in Bristol als siebtes von neun Kindern geboren wurde, hatte er einen soliden Stammbaum, der ihm wichtige Türen öffnen sollte. Und er wuchs in einem Umfeld auf, das nicht nur gut situiert war, sondern auch eng verbunden mit dem Wassersport.

Benannt nach einem hohen General im Revolutionskrieg, zählte Nat zur dritten Generation von Herreshoffs in Amerika. Die Familien-Genealogie geht bis ins 18. Jahrhundert zurück, zu Carl Friedrich Herrschhoff, einem Mitglied der Leibwache Friedrichs des Großen von Preußen. Der Urgroßvater war 1763 in Deutschland geboren worden und hatte als Kleinkind beide Eltern verloren, die Mutter durch Tod, den Vater durch Flucht. Vor einem noch schwereren Schicksal bewahrte ihn die Hilfe von Verwandten und kaiserliche Protektion. Das verschaffte ihm eine ausgezeichnete Erziehung – wertvolles Kapital für seine spätere Auswanderung nach Amerika. Dort angekommen, änderte er seinen Namen in Carl Frederick Herreshoff und heiratete Sarah Brown, die einer einflussreichen und wohlhabenden Familie angehörte. Ihr Vater John hatte 1770 die Brown University in Providence gegründet, bis heute eine der besten im Land.

Captain Nats Vater, ebenfalls Carl Frederick genannt, wurde 1809 geboren. Von ihm hat er die Begeisterung fürs Segeln geerbt. Der geschickte Handwerker baute kleine, catgetakelte Boote, die er erfolgreich in lokalen Regatten einsetzte. Das brachte Nat schon früh mit dem Bootsbau in Kontakt. Seine Biografie wäre jedoch unvollständig, ohne seinen um sieben Jahre älteren, früh erblindeten Bruder John Brown Herreshoff zu erwähnen, der später Nats Partner in der berühmten Herreshoff Manufacturing Company werden sollte. Er begann schon früh, Geschäfte zu machen, denn er hatte ein phänomenales Zahlengedächtnis und konnte komplexe Arithmetik im Kopf lösen. Mit 14 konstruierte »J. B.«, wie er gerufen wurde, die kleine Slup *Meteor*. Nat musste seinem ungeheuer energischen Bruder zur Hand gehen und fungierte als Steuermann. »So erhielt ich ein frühes Training in Maschinenarbeit, Bootsbau und Segeln«, schrieb er später, »und mit elf Jahren konnte ich bereits die Linien eines Modells maßstabsgetreu auf volle Größe bringen.« Diese Rollenteilung mit J. B. als Unternehmer und Nat als Tüftler sollte das Leben beider später bestimmen.

Herreshoffs Akribie und Innovationskraft beruhen auf fundierter Ausbildung. Nach Abschluss der High School studierte er Ingenieurwissenschaften am Massachusetts Institute of Technology (MIT), wo er die Professoren mit einer kleinen Rotationsdampfmaschine verblüffte. Nebenbei berechnete er Vergütungszeiten fürs Segeln nach Handicap für den Boston Yacht Club und entwickelte damit ein System, das später universell anerkannt wurde. Nach seinem Studium heuerte er 1869 zunächst bei der Corliss Steam Engine Company in Providence an, wo er an der Konzeption von modernen Dampfmaschinen arbeitete. So schuf er die Grundlage für viele dampfgetriebene Yachten, die später den Großteil des Geschäfts der Werft ausmachen sollten – auch wenn Herreshoff heute weit bekannter ist für seine Segelyachten.

Noch während seiner Arbeit bei Corliss zeichnete und baute er eine Reihe von Booten. Als er 1874 mit seinem Bruder Lewis nach Europa reiste, tischlerte er unter Mithilfe eines Zimmermanns in Nizza mal eben *Riviera*, eine Jolle mit variablem Segelplan, die auch gerudert werden konnte. Damit gingen er und sein Bruder auf Fahrt, zuerst nach Marseille und von dort durch Kanäle und über Land weiter nach Norden. Basel, Speyer, Mannheim, Worms und Rotterdam standen auf dem Reiseplan, später London und Liverpool, von wo sie eine Passage nach New York buchten. Bei der Ankunft wurde *Riviera* direkt vom Deck des Linienschiffs aus gewassert.

„Nellie"
Der Kutter aus dem Jahr 1902 wurde hundert Jahre später wieder in Neuzustand restauriert und ist seither in der Klassikerszene am Mittelmeer unterwegs.

Die beiden Jungs verstauten ihr Gepäck, stiegen ein und segelten unverzüglich Richtung Osten los, heim nach Bristol, 180 Meilen entfernt.

Nach seiner Rückkehr aus Europa begeisterte sich Nathanael Herreshoff für Katamarane. Mit der 25 Fuß langen, schwertlosen *Amarylis* segelte er 1876 bei einer großen Regatta auf dem Long Island Sound eine Flotte schneller Einrumpfer in Grund und Boden. Immer ausgereiftere Entwürfe folgten, darunter *Tarantella*, ein 30-Fuß-Kat, der 8 Knoten am Wind lief und fast 20 Knoten raumschots. Die Trapezform der Beams und andere Merkmale finden sich zum Teil heute noch in modernen Hochleistungs-Kats und -Tris.

Das alles jedoch waren allenfalls Fingerübungen gemessen an der Phase, die von 1878 an Herreshoffs Leben bestimmen sollte. Nach neun Jahren bei der Dampfmaschinenfabrik Corliss machten sich Nat, inzwischen 30, und sein Bruder John Brown mit der Gründung der Herreshoff Manufacturing Company in Bristol selbstständig. Ein später Start, eigentlich. Doch die Werft und ihr kreativer Kopf brauchten nicht lange, um Aufmerksamkeit zu erregen.

Das hing auch mit seiner Arbeitsweise zusammen. Herreshoff nutzte seine handwerklichen Fähigkeiten und seine fast schon bildhauerische Begabung, indem er die Formfindung perfektionierte – schneller und effizienter als bis dato üblich. So fertigte er maßstabsgetreue Halbmodelle aus Holz, deren Linien er mit speziellen Apparaten direkt auf Papier übertrug. Mehr als 500 dieser Rumpf-Reliefs sind heute noch im Herreshoff Museum in Bristol ausgestellt. Ein beeindruckendes Abbild seiner Schaffenskraft.

Während andere Konstrukteure viel Zeit am Zeichentisch verbrachten, beließ es der Magier von Bristol bei einer Skizze. Die eigentliche Form fand er beim Hobeln und Schleifen der Halbmodelle. So verbrachte er Stunden damit, den Rumpf zu modellieren. Fühlte die Form mehr, als dass er sie rational erarbeitete. Dünne, biegsame Straklatten halfen ihm, den Deckssprung und das Profil zu bestimmen. Ein ganzes Arsenal von Hohlmeißeln und kleinen Spezialhobeln, die er mit ungeheurem Ordnungssinn in einer eigens angefertigten Schublade der Werkbank aufbewahrte, erleichterten ihm die Arbeit. »Das vielleicht Erstaunlichste daran war, dass es später kaum je einer Korrektur der Linien bedurfte«, sagt Halsey Herreshoff, der heute den Nachlass seines Großvaters verwaltet und im Museum in Bristol YACHT classic den Konstruktionsprozess demonstrierte.

Hatte Captain Nat das Halbmodell plangeschliffen und versiegelt, spannte er es auf einer exakt horizontalen Metallplatte ein. Mithilfe eines Pantografen übertrug er nun die Form des Rumpfes auf ein vertikal eingespanntes Papier, von wo er die Rumpfsektionen auf die Konstruktionszeichnung durchpauste. Danach nahm er Höhe und Breite jedes Punktes am Rumpf mit einer Offsetmaschine ab und trug die Koordinaten in ein kleines braunes Buch ein, das auch Baunummer und Namen der Yacht enthielt.

Begabung und Handwerk allein waren Herreshoff bei der Formfindung nicht genug. Der Ingenieur verfolgte auch einen wissenschaftlichen Ansatz. Auf einer Dampfbarkasse mit genau kalibriertem Speedometer ließ er eine Holzplattform nahe der Wasserlinie montieren. Von dort beobachtete er Schleppversuche mit Rumpfmodellen bei unterschiedlichen Geschwindigkeiten. Es war diese Mischung aus Praxisnähe und Empirie, Effizienz und Forscherdrang, die seine Yachten auszeichnete. Herreshoff war stets bestrebt, die benetzte Oberfläche gering und den Ballastanteil hoch zu halten. Er galt als einer der Pioniere des Leichtbaus – ein Ruf, den er sich schon früh erarbeitete. Mit *Gloriana* schuf er 1891 ein überlegenes Regattaboot. Es brachte den Durchbruch in der Segelszene für ihn und die Werft.

Erfolge, vor allem aber seine unbestrittene Kompetenz verschafften Herreshoff höchsten Respekt. Weil er und sein Bruder vereinbart hatten, Gewinne stets in den Ausbau der Firma zu investieren, wuchs die Herreshoff Manufacturing Company binnen weniger Jahre zu einem regelrechten Konglomerat unterschiedlichster Spezialbetriebe. Auf ihrem Höhepunkt arbeiteten mehr als 300 Angestellte im Süden Bristols, unmittelbar am Wasser, wo heute noch die Reste jener Slipanlage zu besichtigen sind, über

NY 48
NY 48

„Chinook“
Der 20 Meter lange Gaffelkutter trägt seinen Namen erst seit 1929. Er entstand 1916 als „Pauline“ bei Herreshoff und segelt nach aufwendiger Restaurierung heute wieder auf dem Mittelmeer.

die einst die *Reliance* bei Springtide vom Stapel lief. Nahezu alles stellte die Werft selbst her: Segel, Innenausbau, Maschinen, Schiffsschrauben, Beschläge, Spieren, ja sogar die Mischung der Farben. Schneller als andere wollte Herreshoff sein, und zugleich alles kontrollieren. Der Erfolg des Unternehmens ist nicht zuletzt dieser unmittelbaren Rückkoppelung zwischen Konstrukteur und Bootsbauern, zwischen Idee und Umsetzung, zuzuschreiben.

Das einzigartige Geschäftsmodell bildete auch die Basis für Herreshoffs Engagement im America's Cup, den er zwischen 1893 und 1920 dominierte. Nicht weniger als sechs Yachten zeichnete und baute er: *Vigilant*, *Defender*, *Columbia*, *Constitution*, die riesige *Reliance* und *Resolute*, sein letzter Entwurf.

Finanziell waren die späten Jahre allerdings nicht von Erfolg gekrönt. Sein Bruder John Brown, der die Werftgeschäfte geführt hatte, starb 1915. Danach stiegen Investoren ein, die auf lukrative Rüstungsgeschäfte während des Ersten Weltkriegs hofften. Doch die Firma verlor Aufträge, und Captain Nat, im Management wenig gewandt, konnte das Blatt nicht wenden. So wurde die Herreshoff Manufacturing Company 1924 versteigert. Den Zuschlag erhielt Rudolf Haffenreffer, ein Bierbrauer mit deutschen Vorfahren, dem es gelang, das Geschäft vor der großen Depression nochmals in Gang zu bringen. Mit Sidney, Nats ältestem Sohn, als Chefkonstrukteur konnte Haffenreffer die Türen bis 1946 offen halten. Doch das goldene Zeitalter war lange vorbei.

Gezeichnet von Kreislaufschwäche und Rheumatismus, verbrachte Captain Nat die Winter seiner späten Jahre entweder auf Bermuda oder in Florida. Bis ins hohe Alter arbeitete er freilich noch, wenn auch sporadisch, am Zeichenbrett, pflegte Kontakte mit jungen Designern wie Charles Nicholson und Starling Burgess. Als deren J-Class-Yachten *Endeavour II* und *Ranger* für den America's Cup 1937 bei Herreshoff in Bristol in Schuss gebracht wurden, ließ sich Captain Nat im Schlafzimmer seines Hauses einen Spiegel montieren, um durchs Fenster das Geschehen beobachten zu können. Er starb im Juni des folgenden Jahres im Alter von neunzig Jahren.

Wenige Wochen nach seinem Tod fegte ein verheerender Wirbelsturm über die Bucht. Er zerstörte Teile der Werft und viele von Herreshoffs geliebten Booten. Sie hatten draußen an der Boje gelegen, fertig zum Auslaufen. So als warteten sie nur darauf, dass er hinausrudern würde, um noch eine Runde zu segeln.

Vermächtnis
Das Erbe von Captain Nat ist heute im Modellraum des Herreshoff Marine Museum ausgestellt. Vom einfachen Dingi bis zu den erfolgreichen America's-Cuppern reicht das Portfolio.

HEROS UND HYBRIS

Er war ein Ausnahmetalent. William Starling Burgess, Künstler, Erfinder und Konstrukteur in Personalunion, zeichnete Yachten, Flugzeuge und Autos. Doch sein zügelloser Ehrgeiz und die Sucht nach Anerkennung forderten ihren Tribut.

A America's-Cup-Sieger, Flugzeugbauer, Autodesigner, Poet und gefeierter Genius: William Starling Burgess war gewiss kein gewöhnlicher Mensch, sondern einer von denen, die immer danach trachteten, größer zu sein als das Leben selbst. Sein Hang zur Hybris rührt wohl daher, dass er früh dessen Harten kennenlernen musste, teils durch Schicksalsschläge, teils durch hausgemachte Kalamitäten.

Im Kanon der großen US-Yachtdesigner steht Burgess der Bedeutung nach zwischen Nathanael Herreshoff, dem Großmeister, und dem kaum weniger legendären Olin Stephens. Von beiden hob er sich ab. Denn er arbeitete interdisziplinär, konstruierte Fahrzeuge für verschiedene Elemente: neben Booten auch Flugzeuge. Beseelt von der Sucht nach Erneuerung und Erfolg, war er ein Querdenker im besten Sinne. Geschickt nutzte er sein Wissen über Leichtbautechnologie, das er sich als Flugzeugpionier aneignete, um schnellere Schiffe zu entwerfen. Früher als andere stützte er sich auf Daten aus Tanktests für präzise Geschwindigkeitsprognosen. Und er verstand das Potenzial von Aluminium, aus dem er kleine Boote baute, aber auch riesige Riggs für J-Class-Yachten wie *Ranger*, die damit dominierten.

Seine Ideen und Erfolge sind Legion, doch die Statistik besagt wenig über den Menschen Starling Burgess, dessen Boote große Siege einfuhren, der aber auch ständig im Kampf mit sich selbst lebte – geblendet von Einbildung, Selbsttäuschung und Drogensucht, abgestürzt in den Bankrott und später von seiner eigenen Tochter sexueller Übergriffe beschuldigt. »Ein extrem komplexer Charakter, sowohl ausnehmend talentiert als auch mit dunklen Seiten behaftet«, resümiert sein Enkelsohn Steven Taylor, der in den 1970er-Jahren selbst Regatten segelte und bei North Sails in Tutzing am Starnberger See arbeitete.

Der Bezug zu Deutschland spielte auch im Leben seines Großvaters eine Rolle. Geboren wurde Burgess am Weihnachtstag 1878 in Boston. Seine Mutter, Caroline »Kitty« Sullivant, war eine Schönheit der feinen Gesellschaft.

Sein Vater war Yachtkonstrukteur Edward »Ned« Burgess, ein Autodidakt, der in den 1880er-Jahren mit *Puritan*, *Mayflower* und *Volunteer* gleich drei erfolgreiche America's-Cup-Yachten entworfen hatte und von den Bürgern Bostons dafür ein Haus und ein kleines Vermögen bekam.

Doch 1891 starb Ned im Alter von 43 Jahren an Typhus, und die oft kränkliche Kitty fiel kurz darauf einer Lungenentzündung zum Opfer. Starling und sein jüngerer Bruder Charles waren plötzlich elternlos. Es war der erste Schicksalsschlag, dem weitere folgten.

Mit drei America's-Cup-Siegen überflügelte Burgess selbst Nat Herreshoff und Olin Stephens

Burgess besuchte das Internat der Milton Academy, liebte Lausbubenstreiche und reiste gern. Im Jahr 1894 machte er sogar einen Abstecher nach Deutschland. Schon als Teenager, man glaubt es kaum, entwarf er ein Maschinengewehr, für das er 1897 ein Patent erhielt. Als Sohn eines Yachtkonstrukteurs ging der junge Burgess natürlich am liebsten segeln und ließ sich dafür eine flotte Jolle bauen – vom Größten der Zunft, Nat Herreshoff. Den

Kontrollfreak
Der Neuerer Burgess in seinem Büro mit direktem Ausblick über den Werftbetrieb.

besuchte er oft in seiner Werft in Bristol und auch daheim in Love Rocks, wo er mit dessen Sohn L. Francis spielte, der damals noch Kinderschuhe trug. Diese Nähe fand freilich bald ein Ende, denn Nat wollte sich von einem angehenden Konkurrenten nicht in die Karten blicken lassen.

Burgess schrieb sich an der Harvard-Universität ein, brach aber das Ingenieursstudium ab, weil er praktisch lernen wollte, zum Beispiel von Konstrukteur Arthur Binney und Bootsbauer George Lawley, die schon für seinen Vater gearbeitet hatten. Im Januar 1901 eröffnete er, genau wie Ned, ohne formelle Berufsausbildung sein erstes Büro in Boston.

Segeln erlebte damals einen Boom, und gute Konstrukteure gab es wie Sand am Meer. Aber Burgess war ehrgeizig und rekrutierte Kundschaft unter seinen Bekannten. Im Jahr 1902 entwarf er für einen Schulkollegen die extreme Flunder *Outlook*, eine 52-Fuß-Scow, die skandalöserweise mit einem Stahlträger versteift war – und auf Anhieb gewann. Der Querdenker hatte seinen ersten Coup gelandet. Privat dagegen rutschte er in die nächste Katastrophe: Wenige Monate nach der Hochzeit erschoss sich seine Frau Helen, die wegen eines verformten Rückgrats ein Korsett tragen musste. Burgess war am Boden zerstört. In seiner Trauer suchte er Zuflucht in der Poesie und veröffentlichte unter dem Titel »Eternal Laughter« (Ewiges Lachen) seinen ersten Gedichtband.

Mit seiner Firma und dem Ingenieur A. A. Packard, der als Partner eingestiegen war, zog er nach Marblehead und eröffnete dort eine Werft. Bereits 1904 heiratete er erneut: Rosamund Tudor, die Enkelin des Eisbarons Frederic Tudor. Typisch Burgess, vollzog er einen radikalen Schnitt: neue Firma, neuer Geschäftspartner, neue Frau.

»Ein charmanter Egoist und ein intuitiver Designer«, beschrieb ihn Jerome Hunsacker, ein ranghoher Beamter der US-Navy, für den Burgess kurz arbeitete. »Wenn er etwas entwarf, mussten sich alle nach ihm richten. Er duldete keine Änderungen. … (Aber) ich bezweifle, dass er je zufrieden war mit dem, was er konstruierte.«

Wenig begeistert war Burgess damals von Herreshoffs Universal Rule: »Zu kompliziert, zu restriktiv. Und sie produziert langsame Schiffe«, klagte er über das neue Regelwerk. Er widmete sich stattdessen lieber den Sonderklassen, die von 1906 bis 1913 bei den Länderkämpfen USA gegen Deutschland zum Einsatz kamen. Gesegelt wurde in Kiel und Marblehead. Die Amerikaner dominierten, auch weil mit *Wolf*, *Beaver* und *Ellen* drei schnelle »Sonder-Boats« von Burgess dabei waren.

Im Jahr 1908 sah Burgess Orville Wright fliegen und beschloss – selbst ist der Mann – es ihm gleichzutun. Für einen Yachtkonstrukteur sei die Frage nicht, ob ein Schiff schwimme, sondern wie, schrieb er später. Nun aber laute die Frage nicht: »›Wie wird sie fliegen?‹, sondern: ›Wird sie überhaupt fliegen?‹« Das klappte auf Anhieb! Am 25. Februar 1910 hob die »Burgess A1« vom Eis des Chebacco Lake ab, ein bisschen nur, aber sie flog. »Mein erstes Flugzeug wurde konstruiert, gebaut und geflogen. Und kurz darauf war es schon verkauft«, notierte ihr Schöpfer zufrieden.

Mit seinem nächsten Partner Greely Curtis baute Burgess statt Yachten nun Flieger. Die Gebrüder Wright erteilten ihm Unterricht und eine Lektion in Monopolkapitalismus: Die hohen Gebühren, die für Motoren und andere Technologien fällig waren, trieben Burgess fast in den Ruin. Trotz innovativer Konstruktionen blieb ihm kommerzieller Erfolg versagt. Zwar wurde ihm für das richtungsweisende Burgess-Dunne-Seeflugzeug mit den angewinkelten Tragflächen 1915 der angesehene Collier-Preis verliehen. Und doch: Er war durch mit der Fliegerei, verkaufte an seinen Rivalen Glenn Curtiss und wandte sich nach einem Kriegsengagement in der Flugzeugabteilung der US-Navy wieder dem Segeln zu.

Privat durchlebte er gleichermaßen Turbulenzen. Mit Rosamund hatte Burgess drei Kinder, von denen nur zwei überlebten: Sohn Frederic und Tochter Starling, die später unter dem Namen Tasha Tudor eine berühmte Kinderbuchautorin und Illustratorin wurde. Die Ehe wurde 1925 geschieden wegen »seelischer Grausamkeit und häufiger Intoxikation«, wie in der »New York Times« zu lesen stand. Das kostete

Burgess ein Vermögen. Aus seinen Tagebucheinträgen geht hervor, dass er Morphium als Schmerzmittel gegen Magengeschwüre nahm. Vermutlich gab es für seinen Drogenkonsum noch andere Gründe, schließlich stand er permanent unter Druck. Der Beste zu sein, zu gewinnen war für ihn nicht nur eine Option, sondern Pflicht. Es heißt, Burgess habe sich auch mit Suizidgedanken getragen.

1920 gründete er seine nächste Firma, diesmal mit Frank Paine und L. Francis Herreshoff, der bei Burgess als Lehrling anfing, weil der alte Nat seinem jüngsten Sohn keine Chance als Yachtdesigner einräumte. Das Geschäft boomte, es waren die Goldenen Zwanziger. Und Burgess entdeckte die Vorzüge des deutschen Bootsbaus, die da lauteten: gut und günstig. Von 1927 bis 1930 ließ er bei Abeking & Rasmussen fertigen: Achter, Zehner, Zwölfer, M-Klassen, Segelkanus und Atlantic-One-Designs – mehr als 140 Einheiten.

»Der konnte was, der Burgess«, sagt Bootsbauer Josef Martin aus Radolfzell, der 2003 den Burgess-Zwölfer *Anitra* aus den USA holte, um ihn zu restaurieren (A&R-Baunummer 2366 von 1928). Martin schwärmt von den ausgeglichenen Segeleigenschaften, von den Überhängen und vom kessen Decksprung, der dem Boot den Spitznamen »Burgess' Banane« eintrug.

Als Grenzgänger ließ er sich nicht nur auf den Bootsbau reduzieren

Auf die Boomphase folgte 1929 der Börsencrash. Burgess lebte damals zusammen mit Elsie, seiner dritten Frau, den gemeinsamen Töchtern Ann und Diana und seiner Schwiegermutter. Zudem musste er an Rosamund Alimente zahlen. Die Tantiemen waren knapp, Aufträge spärlich, folglich ging er 1931 in Privatkonkurs. Nur mit Unterstützung von Freunden und Gönnern konnte sich der gefeierte Konstrukteur über Wasser halten – bitter für einen stolzen Mann, der eben erst im Zenit seines Schaffens gestanden hatte. Bitter aber auch für Tochter Diana, zu der er, wie sich später herausstellen sollte, eine intime Beziehung unterhalten hatte. Es war die dunkle Seite der für ihn so typischen Ambivalenz.

In seinem eigentlichen Metier blieb er von allen Verfehlungen und Erschwernissen unbeeindruckt. Wie Jahrzehnte zuvor schon sein Vater Ed entwarf er 1930 auf Anhieb einen America's-Cup-Sieger, und das auch noch nach der von ihm ungeliebten Universal Rule. *Enterprise* – die J-Class, die er für Harold S. Vanderbilt zeichnete – deklassierte Liptons *Shamrock V* dank ihres revolutionären Alumasts, der von 80.000 Nieten zusammengehalten wurde, und des breiten Park-Avenue-Baums, der mehr Profiltiefe im Unterliek zuließ. »Hätte Starling Burgess nicht die richtigen Antworten (für das Rigg) gehabt, ... hätten wir den Cup wohl nie verteidigt«, schrieb Vanderbilt später. Dabei war er es nicht allein, der den Unterschied ausmachte.

Burgess hatte Mitstreiter, die wesentlich am Erfolg mitwirkten, ohne von ihm entsprechend gewürdigt zu werden, Kollegen wie Henry Gruber, der damals an der Ostküste lebte und für ihn als Ingenieur, Zeichner, Regelexperte und wohl auch als Übersetzer für die Geschäfte mit A&R fungierte. Sein Einfluss sei groß gewesen, sagt Burgess-Biograf Llewellyn Howland. »Wie anders wäre die Geschichte der J-Class verlaufen, hätte Gruber für Clinton Crane gearbeitet, für L. Francis Herreshoff oder Frank Paine.«

Nach einem kurzen und aufsehenerregenden, letztlich aber erfolglosen Ausflug ins Automobildesign mit dem Kult-Architekten R. Buckminster Fuller setzte Burgess seine Siegesserie im America's Cup 1934 mit *Rainbow* fort. Anders als bei seinem grandiosen Debüt entwickelte sich die Verteidigung zu einer Zitterpartie. Die bei Herreshoff gebaute *Rainbow* lag gegen den Herausforderer *Endeavour* schon 0:2 zurück. Am Ende aber setzten sich die Amerikaner mit Hängen und Würgen noch 4:2 durch.

Für den Cup von 1937 verpflichtete Vanderbilt abermals Burgess, stellte ihm diesmal jedoch den jungen aufstrebenden Konstrukteur Olin Stephens zur Seite. Der lieferte präzise Daten aus dem Schlepptank, die prophezeiten, dass von allen Entwürfen, die Burgess zeichnete, 77C der schnellste sein würde. Und das auf *Ranger* getaufte Schiff war in der Tat eine Wunderwaffe. Von 37 gesegelten

„Starling Burgess“
Der bei Josef Martin am Bodensee gebaute Achter entstand nach nie verwendeten Plänen von 1937, zum Bau mit modernen Methoden digital nachkonstruiert von Juliane Hempel in den Jahren 2020 bis 2022.

Wettfahrten in ihrer ersten und einzigen Saison gewann die J-Class 35; sie verteidigte den Cup souverän. *Ranger* gilt als das Meisterwerk, das Burgess zur Legende machte und dafür sorgte, dass sein Name hinter mehr siegreichen Cup-Yachten steht als der von Nathanael Herreshoff oder Olin Stephens.

Seine Stärke war auch seine Schwäche. Er lebte in einer eigenen Welt

Sein beruflicher Höhepunkt blieb ein einsamer Gipfel. Danach entwarf Burgess noch einige Boote, darunter eine Zweimannjolle aus Alu und einen stromlinienförmigen Dreimaster für Anton Fokker, der im Ersten Weltkrieg Kampfflugzeuge für die kaiserliche Luftwaffe konstruiert hatte. Doch Fokker, ein Freund und Geldgeber, verstarb kurz vor Baubeginn.

Dann kam der Krieg, und Burgess erlitt gesundheitliche Rückschläge. Von einem Herzanfall 1942 erholte er sich so weit, dass er U-Boot-Abwehrmaßnahmen für die US-Marine entwickeln konnte. 1945 heiratete er mit Marjorie Young seine fünfte Frau. Sie hatte bei ihm als Sekretärin und Zeichnerin gearbeitet und mit *Pomalion* einen exzellenten Daysailer entworfen, weshalb sie heute als erste Yachtkonstrukteurin gilt. Sie blieb an seiner Seite, bis er geschwächt am 19. März 1947 im Alter von 68 Jahren in New Jersey starb.

William Starling Burgess war ein Autodidakt, ein Träumer und Getriebener, einer, der Neues erfand und dabei Altes über Bord warf. Kompromisse, Konventionen und Budgets waren ihm ein Gräuel. Auf der Jagd nach Erfolg und Anerkennung hinterließ er Scherben, doch sein Vermächtnis sähe heute anders aus, hätte er nicht den Mut zum Risiko und die Bereitschaft zu radikalen Brüchen gehabt. Seine Stärke war auch seine Schwäche, Starling Burgess lebte in einer eigenen Welt. Ted Tudor, sein Sohn, schrieb: »Er wird sich nie der Wahrheit stellen, sondern sich vor ihr verstecken. Er liebt den, der ihn davor schützt.«

„Anitra"
Der Zwölfer wurde 1928 als eine von sechs baugleichen 12-mR-Yachten bei Abeking & Rasmussen im Auftrag des New York Yacht Club gebaut.

3
Water based varnish
Wasserlack
1
5

MIT BORD-MITTELN

Wie war das eigentlich früher, bevor Konstrukteure am Computer saßen? Womit erschufen sie ihre Boote? Wie zeichneten sie die Linien? Wie gelang der Übertrag vom Papier in die Realität? Eine Spurensuche.

Abgewetztes Zeichengerät. Über Jahrzehnte war dieses Besteck die Existenzgrundlage von Yachtkonstrukteur Horst Glacer. Der Bremer, seit drei Jahren im Ruhestand, ist sein ganzes Arbeitsleben ohne Computer ausgekommen, von einem alten Taschenrechner abgesehen. Als analoge Rechenhilfe, die es schon seit Mitte des 19. Jahrhunderts gibt, diente ihm sein Planimeter. 1

Mit dieser »Mogelkutsche« lassen sich Flächen aller Art berechnen. Doch davor stand die Konstruktion auf dem Papier, mit Bleistift und Kurvenlinealen. 2 Die Linien einer Yacht waren Vertrauenssache und eine Frage der Intuition. Der Meister machte sie mit sich aus. Vollendung erlangten die Risse klassisch mit Straklatten 3 und -gewichten 4 auf Pergament. 5

1. Aus Gedanken werden Skizzen

Am Anfang ist die Idee. Entstanden im Gespräch zwischen Konstrukteur und Auftraggeber. Oder zum Ausdruck gebracht in der Ausschreibung eines Wettbewerbs. Nicht selten sogar einfach das Resultat eines Traums. Erster Arbeitsschritt ist es, diese Gedanken sichtbar zu machen. Ganz simpel. Mit einem Bleistift auf Millimeterpapier. Auch wesentliche Detaillösungen, die beim Einzelbau nicht selten ohne Vorbild sind, bringt der geistige Vater des Schiffes bereits in seiner Skizze unter. Wichtigstes Werkzeug hierbei ist das Kurvenlineal. Denn schon in dieser Phase entstehen die Linien, die den späteren Charakter der Yacht prägen. »Formen machen« nennt Horst Glacer das und verrät damit ganz nebenbei, dass es bei einer Konstruktion im Kern um Ästhetik und um Gefühl geht, all der erforderlichen Rechnerei zum Trotz. Seine Kurvenhilfe ist deshalb auch nicht »irgendein Plastikzeugs«, sondern ein hölzerner Burmester-Satz, bestehend aus zahlreichen Linealen, die den Schöpfer von rund 300 Konstruktionen während seines ganzen Berufslebens begleiteten.

2. Aus Intuition wird Präzision

Bevor es ernst wird, schafft des Meisters Hand Ordnung. Ein Gitternetz entsteht aus Spantabständen, Wasserlinien, Senten und Schnitten. Je nach Größe der gezeichneten Yacht hat der Konstrukteur Standards für die hierbei erforderlichen Distanzen. Das Material ist Pergament, endgültig beschrieben wird es mit schwarzer Tusche. Glacer arbeitet vom ersten Moment an »ins Reine«, das Ergebnis ist später die fertige Konstruktionszeichnung.

3. Aus Punkten werden Linien

In diesem Arbeitsschritt überträgt der Konstrukteur die aus seiner Skizze entnommenen Eckpunkte in die finale Risszeichnung. Über biegsame Straklatten, mit gusseisernen Gewichten beschwert, verbindet er die Punkte zu Linien; dabei kann er den Entwurf im Detail noch korrigieren. So werden die Formen perfektioniert. Das Abfahren der Straklatte mit dem Tuschestift markiert die Geburt der endgültigen Linie. Von Hand, hörbar, spürbar, sichtbar wird das Bild der Yacht vom Menschen erschaffen. Als Original. Nur ein einziges Mal. Auf einer Zeichenplatte aus Holz – nicht mal einen Quadratmeter groß.

4. Aus Linien werden Zahlen

Aus den Konstruktionszeichnungen, die am Ende mehrere Blätter füllen, ergibt sich die Aufmaßtabelle. Mit den Werten daraus konnten die Werften früher den Riss auf dem Schnürboden im Maßstab 1:1 umsetzen – wieder mit Straklatten und »Bleienten«, wie schon auf dem Zeichentisch des Konstrukteurs, nur entsprechend größer. Bei der Umsetzung der Linien in Zahlenwerte half das »Planimeter«, ein Instrument zur mechanischen Flächenberechnung, mit dem man die Risszeichnung von Hand abfährt. »Das kann der Computer heute sicher besser und schneller«, sagt Horst Glacer.

Ein Leben für Linien.
Horst Glacer

Der Bremer Yachtkonstrukteur, Jahrgang 1934, startet seine Karriere 1949 bis 1952 mit einer Bootsbaulehre bei Abeking & Rasmussen. Schon damals widmet er seine Freizeit dem Entwerfen von Booten, die Freunde sich nach seinen Zeichnungen bauen lassen. Als Glacer 1970 zum Vermessungschef des Deutschen Segler-Verbandes gewählt wird, hat er bereits verschiedene internationale Konstruktionswettbewerbe gewonnen und Berufserfahrung in mehreren Schiffbaubüros gesammelt. 1972 macht sich der als innovativ geltende Glacer selbstständig. Erfolge stellen sich schnell ein: 1978 liefert er die erste Konstruktion für einen deutschen America's-Cup-Zwölfer. Auf seinem Zeichenbrett entstehen 250 Einzelbauten, 25 Serienyachten und Erfindungen wie das Trapezrigg. Sein Handwerkszeug hat Glacer dem Schifffahrtsmuseum Bremerhaven übereignet, wo er es für YACHT classic noch einmal im Einsatz demonstrierte.

MASTER AND COMMANDER

Egal, was er zeichnete – seine Boote waren schnell und schön. Doch erst mit dem Drachen, einem seiner einfachsten Entwürfe, wurde Johan Anker unsterblich.

E

Er war kein Freund von Einheitsklassen. Dennoch landete Anker mit dem Drachen einen Welterfolg.

Die Geschichte des Yachtsports kennt viele gute, aber nur wenige wirklich herausragende Konstrukteure. Architekten, die mit ihren Entwürfen nicht nur die Gegenwart, sondern auch künftige Epochen geprägt haben. Nathanael Herreshoff zählt dazu, William Fife III, Charles Nicholson, Max Oertz. Und natürlich: Johan Anker.

Der Norweger war nicht nur Designer. Wie für die Größen der frühen Yachtbau-Ära charakteristisch, verstand er sich auch auf die technischen Finessen seiner Konstruktionen und, was nicht minder wichtig erscheint, aufs Segeln. Noch etwas aber hebt ihn heraus aus seiner Zunft: ein Erfolg, der bis heute anhält, 85 Jahre schon, und der untrennbar mit seinem Namen und seinem Wirken verbunden bleiben wird – der Drachen.

Vorgestellt 1929 als einfaches und preiswertes Touren- und Trainingsboot für junge Segler, galt er zu seiner Zeit fast als Mauerblümchen, zumindest neben den ungleich eleganteren und rassigeren Meterklasseyachten. Doch er fand rasch Verbreitung und gilt mit mehr als 1.500 registrierten Booten und einer engagierten Regattaszene auf fünf Kontinenten als das prominenteste Vermächtnis Ankers. Eine Fingerübung in fortgeschrittenem Alter, die ihm als spätes Meisterstück geriet, obwohl er dem Auftrag durchaus skeptisch gegenüberstand. Aber das passt zu einer Vita, die in ihrer zweiten Hälfte nicht mehr linear verlaufen wollte. Die Rückschläge und Nöte aufweist, Verzweiflung und Kampf – obwohl sie doch so vielversprechend begonnen hatte.

Johan Anker stammt aus gutem Haus. Im Jahr 1871 geboren, wächst der Sohn eines Papierfabrikanten in Halden auf, 120 Kilometer südöstlich von Oslo. Dort kommt er schon früh mit dem Segelsport in Kontakt, was sich später als eine seiner Schlüsselqualifikationen erweisen wird. Die Freizeitbeschäftigung auf dem Wasser reizt ihn bald mehr als die Aussicht auf eine Erbfolge im väterlichen Betrieb. Anker studiert Ingenieurwesen und steigt 1905 als angehender Konstrukteur in der Werft des Bootsbauers Christian Jensen in Vollen ein – der Ausgangspunkt einer drei Jahrzehnte lang währenden Erfolgsgeschichte.

Zunächst begegnen dem jungen Mann viele mit Skepsis. Doch lässt der sich von den Zweiflern und Neidern nicht entmutigen, sie sind ihm eher noch Ansporn. Anker ist überzeugt, dass konsequentes, hartes Arbeiten ihm die nötige Anerkennung verschaffen werde. Dabei nutzt er seine Kontakte zu Norwegens besseren Kreisen und baut sich ein Netzwerk von Prominenten aus Kunst, Wirtschaft und Politik auf, das bis ins Königshaus reicht. So muss er nicht lange auf zahlungskräftige Eigner warten.

Er bringt jedoch noch eine andere, weit wichtigere Voraussetzung für den Erfolg mit: sein einzigartiges Gefühl für Proportionen. Wie selbstverständlich entwirft er Schönheiten, deren Anmut sich noch dazu auf der Regattabahn bewährt. Zwischen 1905 und 1940 laufen bei Anker & Jensen mehr als 350 Boote vom Stapel – die meisten von ihm selbst gezeichnet, er realisiert aber auch Konstruktionen aus fremder Feder. Dass die Partnerschaft mit seinem Kompagnon nie wirklich harmoniert, ist fast nebensächlich. Jensen scheidet schon 1915 aus dem Betrieb aus, woraufhin Anker unbeirrt allein weitermacht.

Johan Anker
Segeln konnte er auch. Hier auf dem Zwölfer »Brand IV«, mit dem er 1909 in Kiel triumphierte.

„Sira"
Nach dem Achter des norwegischen Königs Harald wurde eine begehrte Regattatrophäe der Klasse benannt.

M-C

Seine Entwürfe entsprechen vielen verschiedenen Vermessungsformeln, etwa der norwegischen 22-Quadratmeter-Regel oder der amerikanischen Universal Rule. Seine Spezialität aber sind Meterklasseyachten, also Boote nach der International Rule, bei deren Formulierung Anker 1906 tatkräftig mitwirkt und deren Weiterentwicklung er auch aktiv begleitet. Wegen der Ästhetik seiner Konstruktionen, die sich nicht zuletzt in häufig langen, schmalen Überhängen ausdrückt, wird er bald als »Meister der Linien« tituliert. Ein Attribut, das mehr Wahrheit enthält als Schmeichelei. Anker arbeitet höchst intuitiv und lässt sich dabei von seinem außergewöhnlichen Segeltalent leiten. Dieses bringt ihn zu drei Teilnahmen an Olympischen Spielen, bei denen er zweimal gewinnt: 1912 in der 12-mR-Klasse, 1928 bei den Sechsern. Natürlich steuert er jeweils Boote aus eigenem Entwurf. Deren Erfolge helfen, die Auftragsbücher zu füllen.

Den Durchbruch schafft Anker mit dem Zwölfer *Brand IV*, der im Jahr 1909 vom Stapel läuft. Zur gleichen Zeit sollte seine Werft *Magda VIII* bauen, ebenfalls einen Zwölfer, aber von William Fife III. Weil der Schotte Bedenken hat, seine Pläne an Anker weiterzugeben – aus Furcht, der könne sich davon »inspirieren« lassen –, fordert er den Norweger auf, seine *Brand IV* zuerst auf Kiel zu legen; vorher werde er die Zeichnungen für *Magda VIII* nicht schicken. Eine Begebenheit, die zeigt, dass Johan Anker zu diesem Zeitpunkt zumindest unter seinesgleichen bereits etwas gilt.

Der Werftchef und Konstrukteur geht mit *Brand IV* ein Risiko ein, und kein geringes: Er finanziert den Bau selbst, um damit an die Erfolge der Vorgänger *Brand II* und *Brand III* anzuknüpfen, die er nach der damals in Skandinavien gebräuchlichen Kopenhagen-Regel konstruiert hatte. Diese Boote waren zwar schnell; mit ihnen siegte er 1906 und 1907 im Kattegat-Cup. Aber mit ihren voluminösen Hecks wirkten sie noch nicht so elegant. *Brand IV* dagegen wird eine typische Anker-Yacht.

Und das Kalkül ihres Erbauers geht auf. Bei der von Leichtwind geprägten Kieler Woche gewinnt Anker mit ihr gleich beim Debüt die 12-mR-Klasse. »Fährt wie ein Dampfschiff«, soll Kaiser Wilhelm II. bei der Siegerehrung gesagt haben, beeindruckt von dem hierzulande nur Kennern vertrauten Konstrukteur. Er äußert aber auch Skepsis, ob alles mit rechten Dingen zugegangen sei, woraufhin Anker die Vermesser prompt zur Nachkontrolle an Bord bittet.

Der Erfolg mit *Brand IV* beschert der Werft einen Auftragsschub. Ehrgeizige und vermögende Eigner, die mit Regattasilber glänzen wollen, ordern fortan häufig bei Anker & Jensen in Vollen am Oslofjord. Und der Betrieb liefert Siegeryachten wie am Fließband. Der Zwölfer *Rollo* siegt in Kiel und Cowes. Der Zwölfer *Magda IX* (mit Anker) und der Achter *Taifun* holen 1912 Gold in Stockholm. Der Zwölfer *Symra*, der Zehner *Adorno,* der Neuner *Vav* und der Sechser *Mosquito* gewinnen bei der Europe Week in Norwegen. Der Achter *Apache* siegt 1918 und 1919 beim Kattegat-Cup. Und bei den olympischen Segelregatten von Ostende 1920, bei denen Anker selbst nicht am Start ist, gewinnen gleich fünf seiner Konstruktionen Gold.

Auf die Frage nach seinem Erfolgsgeheimnis antwortet der Ästhet: »Eigentlich ist alles eine Sache der Sinne. Ich vollende Boote im Geist und segle sie im Schlaf.« Das mag heute unbescheiden klingen, abgehoben. Tatsächlich aber besitzt Anker selbst in seinen erfolgreichsten Zeiten noch Bodenhaftung. Glaubt man einem Bericht der Zeitung »Aftenposten« aus dem Jahr 1915, ist er ein »echter Realist, ein normaler und ruhiger Mensch, ohne Hang zu Snobismus oder Überheblichkeit«. Der Autor stellt ihn auf eine Stufe mit Konstrukteuren wie Fife, Nicholson oder Max Oertz und vergleicht ihn sogar mit dem Polarforscher Roald Amundsen, seinerzeit der bekannteste Norweger – und ein Kunde Ankers.

Auch jenseits des Großen Teichs wird die Segelszene auf Anker aufmerksam. Seine erste R-Klasse liefert er 1924 in die USA. Danach baut Anker & Jensen *Advance*, einen 27-Meter-Schoner mit Stagsegeltakelung, damals eine Weltneuheit, die von US-Konstrukteur Starling Burgess stammt.

Im Sommer 1925 lädt der Eigner der *Advance* Anker und seine Frau zu einem Besuch ein, den der Designer nutzt, um vor Ort Regatten zu segeln. Inspiriert vom Gesehenen, entwirft er ein paar Jahre später *Albatros*, einen 24 Meter langen Stagsegelschoner, für einen Schweizer Eigner. Der ist von den

Segeleigenschaften seines Bootes so begeistert, dass er sogar den Hilfsmotor ausbauen lässt.

Ende der 1920er-Jahre wird der Wassersport immer populärer. Gefragt sind zunehmend auch kleinere und kostengünstigere Boote. Aus Schweden erhält Anker 1928 den Auftrag für ein einfaches »Junior-Boot« mit 20 Quadratmeter Segelfläche. Als Konstrukteur von Rennyachten der Meterklassen, die einiges an gestalterischem Freiraum lassen, ist er gegenüber Einheitsklassen zunächst skeptisch. Die strengen Vorgaben schaffen zwar sehr ähnliche Boote, bei denen Sieg oder Niederlage vom Können der Mannschaft abhängt, doch bleibt der Designer von der Weiterentwicklung ausgeschlossen. Anker vermutet deshalb, Einheitsklassen führten zur Stagnation des Sports. Weil der Drachen für junge Segler gedacht ist, verwirft er freilich seine Bedenken und bringt ein schlichtes Boot zu Papier: 8,90 Meter lang, 1,95 Meter breit, mit einer Tonne Ballast und einem Preis von nur 1800 norwegischen Kronen – ein Schnäppchen im Vergleich zu anderen damaligen Booten ähnlicher Größe.

Ankers Zeichnungen finden in der Folge rasch international Verbreitung, und innerhalb weniger Jahre werden Hunderte Drachen in aller Welt gebaut. Uffa Fox, der bekannte englische Konstrukteur, streut seinem Kollegen Blumen: »Der Grund für die steigende Popularität des Drachen in so vielen Ländern ist, dass es sich dabei zweifellos um passable kleine Regattaboote und Daysailer handelt, die gleichzeitig auch sehr günstig sind. Weil Anker selbst Bootsbauer ist, hat er einen Typus geschaffen, der einfach und kostengünstig hergestellt werden kann, dabei aber schnell und seetüchtig ist und beim Segeln Spaß macht. Es ist genau das, was One-Design-Klassen brauchen.«

Ausgerechnet in Norwegen aber kann sich das Boot nur langsam durchsetzen. »Die Schweden und andere gingen über die Konstruktionsgrenzen hinaus«, schreibt Jan Mathiesen, ein ehemaliger Mitarbeiter von Anker & Jensen. Dagegen sei der erste am Oslofjord gebaute Drachen (*Elisabeth*) bewusst konservativ ausgelegt worden. Der Königlich Norwegische Yacht-Club habe gefordert, dass das Boot nicht bis an die Grenze ausgereizt, sondern komfortabel innerhalb der Regeln gebaut werden solle, und diesem Wunsch habe man Rechnung getragen, so Mathiesen. »Es ist ein sehr schönes Boot, nur segelt es nicht schnell.« Dennoch nimmt der Siegeszug unaufhaltsam seinen Lauf. 1937 findet mit dem Gold Cup die erste Klassenweltmeisterschaft statt, nach dem Zweiten Weltkrieg erhält der Drachen Olympiastatus, den er bis 1972 innehat. Und das wohl größte Vermächtnis Johan Ankers bleibt auch danach gefragt: Nach Modifikationen der Regeln werden Boote aus Kunststoff und später auch formverleimte Rümpfe zugelassen. Durchaus schwierige Entscheidungen, die kontrovers diskutiert werden. Aber letztendlich sichert dieser Pragmatismus die Zukunft des Drachen. So ist die Klasse heute noch in 26 Ländern aktiv, weil alle Boote vergütungsfrei gegeneinander antreten können. Und die alten Holz-Drachen, die mit modernem Gerät nicht mithalten können, bleiben bei Klassikerfans und Restaurateuren gefragte Objekte.

Seine gute Herkunft und die Nähe zu den besseren Kreisen verhalfen Anker zu lukrativen Aufträgen

Für Johan Anker beginnt Ende der 1920er-Jahre gleichwohl eine schwierige Phase. Er ist Ende 50 und auf dem Zenit seiner Karriere, als er die ersten Rückschläge erlebt. Andere, jüngere Konstrukteure geben im Regattageschehen zunehmend den Ton an. Ausgerechnet seine Meteryachten verlieren ihr Abonnement auf den Sieg.

Der Sechser Gold Cup geht an *Lanai*, ein Boot des US-Konstrukteurs Clinton Crane, und auch beim Coup de France scheitern die Norweger mit Anker-Booten. Besonders die Schweden setzen ihm zu: Designer Tore Holm und der Reeder Sven Salén, selbst ein erfolgreicher Segler, kreuzen 1927 erstmals mit einem riesigen Vorsegel auf, das Genua genannt wird und dem Anker nichts Gleichwertiges entgegenzusetzen hat. Es sind bittere Erfahrungen nach Jahren überwältigender Erfolge. Ankers zweite Frau, Nini Roll, eine bekannte Autorin, schreibt in ihrem Tagebuch, dass »schreckliche Zeiten« angebrochen seien. »Johan ist jetzt in Hankø, wo seine Boote kein Glück haben. Heute segelten die Schweden Kreise um seine neuen Achter und um *Varg* und *Noreg* ...«

"8mR SIRA"
Anker & Jensens - Verft
Vollen - Norge
*
BAAT Nº419
1938
*
Konstruktør
JOHAN ANKER

Die wachsende Konkurrenz schlägt sich auch aufs Geschäft nieder. Zwar verzeichnen Ankers Konstruktionen hin und wieder prestigeträchtige Siege, wie etwa im Seawanhaka-Cup, nach dem America's Cup die zweitälteste Segeltrophäe in den USA, bei der die für Kronprinz Olav gezeichnete *Noreg* 1927 sich in einem Fotofinish gegen die Gastgeber durchsetzen kann. Doch auch dies beschert Anker & Jensen keine dauerhafte Erholung, im Gegenteil: Die Lage verschlimmert sich mehr und mehr.

Zum einen ist der Werftchef seit jeher eher Künstler denn Unternehmer; er strebt lieber nach Perfektion als nach Profit. Das birgt ein Risiko. Mit zusätzlichen Ämtern und Interessen, etwa in der Führung des staatlichen Weinmonopols oder im Verband der Jäger und Angler, gerät ihm das Wohlergehen des eigenen Betriebs aus der Peilung. Die aufkommende Weltwirtschaftskrise setzt die Finanzen vollends unter Druck. »Johan hat finanzielle Probleme«, notiert seine Gemahlin. »Gestern habe ich schweren Herzens eine Schuldverschreibung von 20.000 Kronen auf unser Anwesen in Lillehauten unterzeichnet. Der Boden unter meinen Füßen fühlt sich plötzlich weit weniger solide an. Doch wenn es ihm aus der Krise hilft ..., soll es mir recht sein.«

In seiner Bedrängnis gibt Johan Anker nicht klein bei. Wie schon am Anfang seiner Laufbahn, als er sich mit harter Arbeit Anerkennung verschaffte, kniet er sich auch jetzt wieder rein. Und er greift auf ein Erfolgsrezept von einst zurück: So wie er 1909 den Zwölfer *Brand IV* auf eigene Rechnung baute, versucht er es 1931 noch einmal mit dem Sechser *Abu*, den er mangels anderer Aufträge für den Gold Cup für sich selbst zeichnet und bauen lässt. Und tatsächlich: Er schafft die Sensation! Mit 60 Jahren und seinen beiden Söhnen als Crew holte er den begehrten Titel. Es ist eine persönliche Genugtuung für den Altmeister, ein letzter Beweis seiner Exzellenz. Die Geschäfte allerdings, sie bleiben flau. Nach wie vor muss Anker praktisch permanent gegen die drohende Schließung seines Werftbetriebs ankämpfen.

Nur vereinzelt kann er wieder Hoffnung schöpfen. Etwa 1937 dank der Bestellung des Rettungskreuzers *Astrid Finne*, damals ein Großauftrag. Es ist ein robuster Spitzgatter mit Ketschtakelung, den er zu Papier bringt: 18,50 Meter lang, 5,45 Meter breit, mit Planken aus Teak, Spanten aus verzinktem Stahl und einem Mast aus Oregon Pine. Acht Schiffe und 34 Menschen wird das Boot vor dem Untergang bewahren, bevor es 1954 außer Dienst gestellt wird. Und für ein paar Jahre zählt auch die Werft Anker & Jensen zu den von der *Astrid Finne* Geretteten.

Anker, inzwischen im Rentenalter, muss nicht nur mangels Nachfrage kürzertreten. Auch eine Herzrhythmusstörung bremst ihn ein. Trotz seines körperlichen Abbaus bleibt sein Geist hellwach und scharf. Uffa Fox, der im Winter 1936 für einen Vortrag in Oslo Station macht, stattet Anker einen Besuch ab und ist zutiefst beeindruckt von dessen Konstruktionsbüro: »Dort gibt es Tausende Zeichnungen von allen möglichen Schiffen, vom kleinsten bis zum größten«, schreibt er später. »Die Zeit verging viel zu schnell, als Anker seine Pläne ausbreitete. Das waren einige der glücklichsten Augenblicke meines Lebens, denn der Meister persönlich erläuterte mir seine Konstruktionen.«

In den 1930er-Jahren ging es mit der Werft bergab. Nur an der Pinne feierte Anker noch Erfolge

Aufs Wasser geht Anker auch noch. Kronprinz Olav bestellt einen neuen Achter, der auf den Namen „*Sira*" getauft werden soll. Anker nimmt den Auftrag unter der Bedingung an, dass er das Boot die erste Saison segeln dürfe – so könne er sicherstellen, dass es den Ansprüchen des Monarchen genügt.

Wie schon 1906 mit *Brand II* reist Anker auch mit *Sira* nach Schweden, um die Lokalfavoriten zum Kattegat-Cup herauszufordern. Und wie damals holt er die begehrte Trophäe nach Oslo. Der Jubel ist gewaltig. Doch der, dem er gilt, bleibt ruhig und gelassen. »Erstaunlich, wie jung ich im Verlauf eines Sommers geworden bin«, lautet sein trockener Kommentar.

BAAT No 370.
ANKER & JENSENS
VOLLEN

„Vema III"
Der Third-Rule-Zwölfer aus der Feder Johan Ankers entstand 1933 und segelt heute noch unter Norwegischer Flagge in der nord-europäischen Flotte in Bestform.

Bittere Ironie oder abgeklärte Altersmilde? So genau ist das heute nicht mehr einzuordnen. Sicher ist nur, dass Anker es nicht bei diesem einen späten Erfolg belässt. Weil der ebenfalls von ihm konstruierte Sechster *Norna VI* den One-Ton-Cup gewinnt, wird er zum Gold Cup in die USA entsandt, wo er allerdings der als schier unschlagbar geltenden *Goose* von Olin Stephens unterliegt.

Im Jahr 1939 überlässt der Kronprinz Anker abermals das Ruder der *Sira* für einige Regatten im Oslofjord, die der Konstrukteur erneut für sich entscheiden kann. Dabei verweist er – welch eine Genugtuung für das Genie angesichts seiner wirtschaftlichen Misere – die neuesten und besten Entwürfe seiner Konkurrenten auf die Plätze.

Ankers Aufbäumen bleibt freilich auf die Regattabahn beschränkt – finanziell kann er kein vergleichbares Wunder bewirken. Ein Annäherungsversuch an seinen früheren Geschäftspartner Christian Jensen zur Rettung der Werft scheitert, womit das Schicksal des Betriebs besiegelt ist. Zu Beginn des Zweiten Weltkriegs müssen die Hallen schließen, die seit 1905 auch seinen Namen trugen und in denen nach seinen Plänen unvergleichlich schöne und schnelle Boote entstanden sind.

Seines Lebenswerkes beraubt und von Gesundheitsproblemen geplagt, stirbt Johan Anker am 2. Oktober 1940 an Leukämie.

Nach dem Krieg werden von zwei ehemaligen Mitarbeitern auf der Werft zwar nochmals Boote gebaut; aber 1953 kommt das endgültige Aus. Wer heute nach Vollen segelt, zu dem kleinen Ort südwestlich von Oslo, wird sich kaum an die große Vergangenheit erinnert fühlen. Das maritime Erbe beschränkt sich auf zwei Sportboothäfen und einen Servicebetrieb. Und doch hat der »Meister der Linien« seinen Platz in der Segelgeschichte für immer gefunden – durch seine Konstruktionen, seine Regattaerfolge, und natürlich den Drachen.

MATHEMATIK UND KUNST

New York City, Mitte der 20er-Jahre des vorigen Jahrhunderts. In einem Bürogebäude beugt sich ein junger Schiffbauingenieur über Zeichenbrett, Rechenschieber, Gewichte und Straklatten. Aus Deutschland stammt er. Sein Name: Heinrich Gruber.

Nach dem Besuch der Oberrealschule in Flensburg, einem Praktikum bei der Flensburger Schiffbaugesellschaft, dem Studium an der Technischen Hochschule Berlin-Charlottenburg und einem Job in der Yachtbauabteilung der Deutschen Werke in Kiel hat er einen Dampfer in die Staaten genommen.

Das US-Verteidigungsministerium, in dem er sich zunächst bewirbt, will ihn nicht. Doch man empfiehlt ihn weiter: an den Flugzeugfabrikanten, Hobbypoeten und Yachtkonstrukteur William Starling Burgess. Bei der Burgess & Morgan Ltd. kommt der ehrgeizige Schleswig-Holsteiner unter. Es ist der Beginn einer steilen, selbst für amerikanische Verhältnisse außerordentlichen Karriere. Über die allerdings bis heute vieles im Unklaren bleibt. Heinrich Gruber war selbst nach seiner Rückkehr nach Deutschland nie ins Licht der Öffentlichkeit getreten. Auf sein Handwerk verstand er sich brillant. Etliche der von ihm gezeichneten Schiffe haben es zu Ruhm und Ehre gebracht.

Und nicht wenige Gruber'sche Entwürfe sind noch heute unter Segeln. Der Mann selbst wirkte jedoch stets im zweiten Glied. So ist vielen sein Name zwar ein Begriff. Vom Leben des Heinrich Gruber hingegen sind kaum Details bekannt. Der junge Auswanderer macht sich rasch unersetzlich bei Burgess. Er denkt, rechnet und zeichnet für ihn. Es ist eine gute Zeit. Die Aktienkurse klettern rasant. Den Hunger nach immer schnelleren Booten stillt das Konstruktionsbüro dort, wo das Geld sitzt, in Manhattan. Gruber muss als Auswanderer keine Teller waschen. Er kann von Beginn an in seinem Metier arbeiten.

Selfmademan.
Gruber suchte in jungen Jahren sein Glück in Amerika. An der J-Class „Enterprise" hat der Deutsche mitgearbeitet.

Edward Burgess hatte gut vierzig Jahre zuvor die America's-Cup-Verteidigeryachten *Puritan, Mayflower* und *Volunteer* entworfen. Sohn William tritt in seine Fußstapfen. Er macht mit Gloucester-Rennschonern und Regattabooten bessere Geschäfte als mit Doppeldeckern und Gedichten. Der illustre Konstrukteur gilt neben Cox & Stephens und dem verblassenden Stern der Herreshoff-Dynastie als führender Yachtarchitekt der Staaten. Die berühmteste Yacht, die Gruber aus dieser Zeit im Wesentlichen zugeschrieben wird, ist der 18-Meter-Stagsegelschoner *Niña*, der bei der Fastnet-Regatta 1928 siegt.

Der Deutsche tüftelt für das Schiff verschiedene Takelungsvarianten aus. Wer sich seinen letzten großen Schoner, die *Aschanti IV* von 1954, ansieht, entdeckt sofort Grubers Vorliebe für diese Riggkonfiguration. Grubers Anteil an dem legendären Schiff wird unterschiedlich eingeschätzt. Einer, der es wissen muss, ist der langjährige Gruber-Zögling und spätere Technische Leiter der Ernst-Burmester-Werft Hans Jeglinski. Er erinnert sich an Gespräche mit seinem ehemaligen Kollegen aus den 1950er-Jahren. Und er hat *Niña*-Risse gesehen, auf denen Grubers Initiale stehen.

Während der außerordentlich produktiven Phase des Burgess'schen Büros entstehen bis 1930 zahlreiche Boote, nicht zuletzt dank der florierenden Zusammenarbeit mit Henry Rasmussen. Dessen Werft A&R in Lemwerder bei Bremen baut so manche Burgess-Konstruktion für amerikanische Kunden. In seinen Erinnerungen »Yachten, Segler und eine

Werft« verschweigt Rasmussen seinen späteren bremischen Rivalen. Im Detail bislang nicht nachgewiesen, allerdings naheliegend ist Grubers Beschäftigung mit den Achtern und Zwölfern, die bei A&R nach Burgess' Plänen entstehen. Mit Sicherheit haben seine deutsch-englischen Sprachkenntnisse die Zusammenarbeit erleichtert. Seit den späten 1920er-Jahren dürfte Gruber auch mit der komplexen Materie der Konstruktion von Meteryachten vertraut gewesen sein. Dieses Know-how wird ein Jahrzehnt später Früchte tragen, beim Entwurf des Zwölfers *Aschanti III*. Mit dem Schiff debütiert Ernst Burmester nach dem Krieg auf dem Long Island Sound.

1930 fällt dem Schwarzen Freitag an der New Yorker Börse auch die Partnerschaft zwischen Burgess, Morgan und Rigg zum Opfer. Das Büro schließt. Arbeitslos wird Gruber allerdings nicht. 1931 und 1932 arbeitet er bei Cox & Stephens, wo er unter anderem mit dem 20-Meter-Stagsegelschoner *Barlovento* beschäftigt ist. Die Yacht ist heute noch als prominentes Regatta- und Tourenschiff an der amerikanischen Westküste unterwegs. Und auch an der *Enterprise* arbeitet er mit, jener J-Class, die 1930 den America's Cup erfolgreich gegen die britische *Shamrock V* verteidigt. Dann macht sich Gruber selbstständig. Von 1932 bis 1934 geht er mit einem Kompagnon eine Partnerschaft mit seinem früheren Boss Burgess und dem Yachtmakler Donaldson ein. Ungeachtet der wechselnden Rahmenbedingungen seiner Arbeit bleibt Gruber kreativ. Auch beim Entwurf der nächsten Cup-Verteidigeryacht, der *Rainbow*, ist er mit von der Partie.

In all der Zeit bleibt der Norddeutsche, der inzwischen mit Frau und Tochter in Brooklyn im Südwesten Long Islands lebt, seiner Heimat verbunden. Häufiger reist er für mehrere Wochen über den Atlantik. Schließlich zieht es ihn ganz zurück. Als sich Mitte der 1930er-Jahre der wirtschaftliche Aufschwung im Deutschen Reich abzeichnet und Werftchef Ernst Burmester im Vorfeld der Olympischen Spiele 1936 Gruber den Auftrag zum Entwurf eines blauwassertauglichen Regattabootes erteilt, bleibt er.

Es entsteht die 18-Meter-Yawl *Roland von Bremen*. Finanziert von der bremischen Wirtschaft, realisiert bei Burmester in Bremen als Compositbau über Stahlspanten, seeklar gemacht bei der Herreshoff-Werft in Bristol/Rhode Island. Die Yacht soll die renommeeträchtige Bermuda-Cuxhaven-Regatta gewinnen. Auf dem Hinweg steuert sie Grubers Freund Sherman Hoyt, einer der seinerzeit besten Segler der USA, als achtes von 27 Teilnehmerschiffen ihrer Klasse ins Ziel. Die eigentliche Regatta gewinnt der *Roland von Bremen* dann überlegen, sowohl nach gesegelter als auch errechneter Zeit. Ein ausgezeichnetes Debüt für das »deutsche Genie aus den Staaten«, wie Henry Gruber oft bezeichnet wird. Kühn ist der junge Konstrukteur an Ernst Burmesters Rivalen Henry Rasmussen vorbeigezogen. Dass die Atlantikregatta nach zahlreichen sturmbedingten Ausfällen eine nahezu exklusiv deutsche Veranstaltung war, wird damals aus nationalen Gründen geflissentlich übersehen.

Als Burgess gemeinsam mit dem jungen Konstruktionstalent Olin Stephens Mitte der 1930er-Jahre in Harold S. Vanderbilts Auftrag den Pokalverteidiger *Ranger* entwickelt, lehnt Gruber eine Mitarbeit ab. Nach den Schonern hat der Deutsche mit dem Bootstyp der günstig vermessenen CCA- und RORC-Yawls und -Ketschen die Herausforderung seines Konstrukteurslebens gefunden. In Erwartung überwiegender Raumschots-Bedingungen hatte Gruber dem *Roland* ein etwas fülligeres Vorschiff gegeben, dessen Volumen den Bug anhebt und die Yacht eine Idee trockener laufen lässt. Doch bleiben Gruber bis zum Krieg nur wenige Jahre, seine nicht selten genialen Einfälle weiterzuentwickeln.

Er zeichnet *Helgoland*, eine dem *Roland von Bremen* ähnliche Yawl mit modifiziertem Kiel. Dazu die 43-Fuß-Slup *Norderney* und die etwas kleinere *Borkum*. Mehr denn je möchte die deutsche Marine sich mit den schnellen amerikanischen und englischen Yachten messen. 1938 entstehen daher unter Grubers Regie die beiden 26-Meter-Ketschen *Nordwind* und *Ostwind*. Die Schiffe sind für die Vermessung des Royal Ocean Racing Club (RORC) optimiert. Gruber bietet sich sogar die Möglichkeit zu Schlepptankuntersuchungen des unterschiedlich gekrängten Rumpfes bei verschiedenen Geschwindigkeiten und Driftwinkeln. Solche Gelegenheiten existieren damals nur in den Staaten. 1939 weist die Burmester-Werft in einer ganzseitigen Anzeige der

„Ashanti III"
Mit dem Zwölfer segelte Ernst Burmester zahlreiche Regattasiege ein.

YACHT auf 14 Schiffe hin. Neun davon, die großen, hat Gruber gezeichnet. Die anderen stammen aus der Feder seines Vorgängers Johnny Albrecht. Stolz meldet die Werft: »Wir bauten 1938 circa 100 Tonnen Segelyachten und bauen für 1939 circa 210 Tonnen.«

Am Vorabend des Zweitens Weltkriegs steht Heinrich Gruber 40-jährig im Zenit seiner Karriere. Längst hat er prominente Bewunderer, wie etwa den englischen Konstrukteur Uffa Fox, der seine Entwürfe in vielen Büchern würdigt. »Gruber versteht es, Mathematik mit Kunst zu vereinen«, schreibt Fox im Jahr 1937 in »Racing, Cruising and Design«. »Seine Pläne zeigen nicht nur schnelle und seetüchtige Rümpfe, sondern sie sind auch schön anzusehen und zu studieren.« Zu den 210 Tonnen Segelyacht, die 1939 bei Burmester gebaut werden, gehört die 12-mR-Yacht *Aschanti III*.

Mit dem Schiff tritt Werftchef Ernst Burmester gegen die neuen Henry-Rasmussen-Konstruktionen und A&R-Werftbauten *Inga*, *Anita* und *Sphinx* an. Mit dem Riggtrimm, insbesondere mit der Handhabung der Genua, hat sich Gruber gründlich beschäftigt. In Heft 42 des Jahres 1939 berichtet die YACHT: »*Aschanti* ist mit einer ganz neuartigen Winde ausgerüstet: Ein flacher Spillkopf von großem Durchmesser befindet sich vor der Plicht. Er wird von einem großen Schwungrad angetrieben, das sich in der Plicht befindet. Da die Winsch mit mehreren Übersetzungen ausgerüstet ist, kann sie immer von einem in der Plicht stehenden Mann leicht bedient werden. Das sehr brauchbare Werkzeug wurde von Gruber konstruiert.«

Bis ins Detail hatte Burmesters Hauskonstrukteur *Aschantis* Beschlagsanordnung ausgearbeitet. Die über das Vordeck laufenden Taljen zum Durchsetzen des Vorlieks liefen in separierten Führungsschienen. Das Achterstag wurde von einer vom Rudergänger zugänglichen Spindel auf dem Achterdeck eingestellt. Auch das war damals neu.

Während des Kriegs wird Gruber Technischer Leiter der Burmester-Werft. Ab 1941 ist er mit dem Aufbau der Kriegsfischkutter-Produktion in Swinemünde beschäftigt. Mehr als 600 dieser für Vorposten- und Spionagefahrten entwickelten 24-Meter-Boote entstehen nach Entwürfen der Mayerform GmbH und Grubers Rissen. In den ersten Nachkriegsjahren verdankt er seinen Sprachkenntnissen und seinem fehlenden Parteibuch im Nazi-Deutschland die Position eines Vertrauensmanns der Alliierten. Als Treuhänder hilft er Ernst Burmester, dessen Betrieb durch die ausklingenden 1940er-Jahre zu bringen. Als Spezialist für Festigkeitsberechnungen konstruiert Gruber die ersten formverleimten Minenräumer. Der Bau von 40 bis 50 Meter langen Schiffen in der relativ jungen, kaum erprobten Bauweise gilt damals als Wagnis. Es wird die Spezialität der Burmester-Werft, die in den Siebzigern mit formverleimten Regattaschiffen (mehrere *Rubine*, *Jan Pott*, *Eliza*, *Duva*, *Macumba*, *Vineta II*) ein weiteres bemerkenswertes Kapitel hiesigen Bootsbaus aufschlägt.

1953 wird Grubers größter Yachtentwurf, der 24-KR-Schoner *Aschanti IV*, zu Wasser gelassen. Das viel beachtete Stahlschiff misst 35 Meter über alles und verdrängt 132 Tonnen. Ähnlich wie der Zwölfer *Aschanti III* beschert die Burmester-eigene Yacht der Werft und ihrem Eigner einige Publicity. Das erwartete Neugeschäft mit amerikanischer Kundschaft indes bleibt aus. Längst ist der Rivale Abeking & Rasmussen dank seiner ausgezeichneten Beziehungen in die Staaten und zum dortigen Konstruktionsbüro Sparkman & Stephens an der Burmester-Werft vorbeigezogen. Gruber hatte seinem Chef zwar ein schönes und großes, allerdings auch eher unzeitgemäßes Schiff gezeichnet.

Die Ära der Schoner ist vorbei, genau wie die der schlanken, flachbordigen Blauwasseryawls und Ketschen. In der heutigen Zeit, in der klassische Yachten eine Renaissance erleben, erinnern Boote wie der *Roland von Bremen*, die *Peter von Seestermühe* (ehemals *Peter von Danzig*), die *Aschanti IV*, die *Nordwind* und die *Hadumoth* (ehemals *Tanja*, eine knapp 16 Meter lange Gruber-Konstruktion von 1949) an des Flensburgers Sinn für traditionell zweckmäßige Linien.

„Peter von Danzig"
Die Hochseeyawl läuft heute noch als „Peter von Seestermühe". Sie entstand nach Grubers Plänen für das Schwesterschiff „Roland von Bremen". Beide Schiffe wurden zum Transatlantikrennen 1936 fertiggestellt.

Mitte der 1950er-Jahre verfällt Gruber mehr und mehr dem Alkohol. Immer öfter wird er vormittags, vor oder während der Arbeit in der Kneipe gesehen. Es war wohl sein Schicksal, dass er in der falschen Zeit geboren wurde. Wenige Jahre blieben ihm für seine Arbeit in den Staaten. Und in Nazi-Deutschland, in das er unbedachterweise zurückkehrte, setzte der Kriegsausbruch seinem Wirken schnell ein Ende. Nach 1945 aber waren die Zeiten für jene Schiffe, von denen Gruber etwas verstand, vorbei.

Einige KR-Yachten, vom 4,5er über den 5,5er *Christina* für den griechischen Reeder Onassis bis hin zu verschiedenen 6,5-KR-Booten, zeichnet Gruber noch. Er führt das stufige Doghouse mit achtern angehobenem Aufbau ein, wie es in den Staaten üblich ist. Ein Merkmal, an dem manche Gruber'sche KR-Yacht zu erkennen ist, wie der Bremer Burmester- und Gruber-Kenner Klaus Auf dem Garten in seiner Werftmonografie schreibt.

1956 entsteht mit der *Hamburg VI* seine letzte Yawl. 1958 zieht sich der Flensburger zurück. Ein Jahr später stirbt Heinrich »Henry« Gruber im Alter von 60 Jahren. Was bleibt, ist die Erinnerung an ihn als außergewöhnlichen Konstrukteur. An seine Begabung, seine Schaffenskraft, seinen Schöpfermut. Seinen Grabstein ziert eine Abbildung der *Aschanti IV*.

„Ashanti IV“
Die repräsentative Yacht nach Vorbild der Neufundlandschoner entwarf Gruber 1953/54 für Ernst Burmester, in dessen Werft er das Konstruktionsbüro leitete.

DER LINIENTREUE

Er war einer der meistbeschäftigten deutschen Konstrukteure. Und doch ist sein Name in Vergessenheit geraten: Kurt A. H. Oehlmann (1909–1997). Nicht weniger als 1.200 Segelyachten hat er entworfen. Die sollten gut segeln, vor allem aber von vollendeter Form sein. Daran glaubte er. Unerschütterlich.

E »Es gibt ein Naturgesetz: Was zweckmäßig ist, das ist auch schön, und umgekehrt.« Ein Spruch, der klingt, als sei er in Stein gemeißelt. Eine Aussage, die keinen Widerspruch duldet. Die sich nicht auslegen lässt. Nicht verbiegen. Ein klarer Anspruch, ohne Raum für Interpretationen.

Kein anderer Satz könnte Charakter und Arbeit des Yachtkonstrukteurs Kurt A. H. Oehlmann besser beschreiben als dieses Zitat von ihm selbst. Er hat ihn zu seinem Leitgedanken erhoben, zu einer Art Manifest. Seine Boote waren Inbegriff dieser inneren Überzeugung und zugleich Reminiszenz an die großen Meister. Männer wie Oertz und Rasmussen: Wie sie wollte Oehlmann Segelyachten mit perfekten klassischen Linien zeichnen. Weit über 1.000 sind es schließlich geworden. Eine vergleichbare Popularität aber blieb ihm bis zum Schluss versagt. Schlimmer: Heute erinnert sich kaum noch jemand an den ebenso genialen wie ehrgeizigen Mann.

Der war nach eigenem Bekunden früh von seinem Können überzeugt: »Ostern 1916 – nach dem so genannten Rübenwinter – machte ich mich auf den ersten Schulweg zur Dorfschule in Billwerder bei Hamburg, um dann schon ein Jahr später in die Hansaschule – Realabteilung – überzuwechseln. Hier zeichnete ich mich besonders im Zeichnen, Schönschrift und Rechnen aus, sodass schon in der Anfangszeit meine technische Laufbahn vorgezeichnet war.« So formuliert es der spätere Bootsbaumeister, Schiffbauingenieur und Yachtkonstrukteur in seinem Vorwort zur autobiografischen Sammlung »Mein Lebenswerk«. Doch anders als seine Erinnerungen Glauben machen wollen, stand ihm ein außerordentlich langer, mühsamer Werdegang bevor. Mehr als einmal wurde Oehlmanns Geduld auf eine harte Probe gestellt, musste er, der die Geradlinigkeit liebte, Umwege einschlagen, Kompromisse eingehen, Opfer bringen.

Im August 1909 kommt er in Hamburg zur Welt. Seine Kindheit ist geprägt vom Ersten Weltkrieg und der harten Zeit danach. Da er mit 14 Jahren den Vater verliert, ist der Junge gezwungen, seinen Traum vom Universitätsstudium aufzugeben und möglichst schnell ins Berufsleben einzusteigen. Mit der Obersekundarreife geht er ab und beginnt ein zweijähriges Praktikum auf der Hamburger Norderwerft. In wirtschaftlich schwieriger Lage wird dort überwiegend Kleinschiffbau betrieben. Oehlmann ist Feuer und Flamme. Er schwärmt für die Arbeit auf dem Schnürboden, für das Ausstraken der Linien und beginnt, nach Feierabend selber Linienrisse anzufertigen und zu berechnen.

Nach dieser Zeit meldet sich Oehlmann zum fünfsemestrigen Schiffbaustudium an der Höheren Technischen Staatslehranstalt Hamburg an – der heutigen Fachhochschule. Als 20-Jähriger besteht er 1929 »mit Auszeichnung« und wird von der Stülckenwerft aufgefordert, sich vorzustellen. Trotz Weltwirtschaftskrise und Millionen Arbeitslosen werden große Frachtschiffe gebaut – ein Glücksfall für den frischgebackenen Ingenieur.

Oehlmann hat zu dieser Zeit jedoch eigentlich schon ganz andere Pläne. Er bewirbt sich bei Dr. Ing. Max Oertz. Der renommierte Konstrukteur ist längst sein großes Vorbild – und soll es bis zu seinem Lebensende bleiben. Doch Oertz deutet die Zeichen der Zeit richtig und antwortet, es werde auf absehbare Zeit mit dem Entwerfen von Yachten, die dem privaten Vergnügen dienen, kein Geld zu verdienen sein. Oehlmann geht vorerst also zu Stülcken.

Schnürboden
Erinnerungsfoto. Kurt A. H. Oehlmann am Beginn seines Schaffens auf der Schichau-Werft in Elbing. Seine Söhne beschreiben ihn später als enorm ehrgeizigen Mann.

Mit Segelyachten beschäftigt er sich allerdings weiterhin, wenn ihm dies auch nur in seiner Freizeit möglich ist. Mit erstem Erfolg. In der YACHT wird 1933 sein 35-Fuß-Hochseekreuzer *Lee* vorgestellt. Schon dieser frühe Entwurf trägt jene unverkennbare Handschrift, die alle späteren Oehlmann'schen Konstruktionen kennzeichnen soll: gestreckter Linienriss, gefällige Formen. Bis ins Kleinste macht er sich Gedanken und schlägt ungewöhnlich fortschrittliche Detaillösungen wie die aerodynamische Gestaltung von Rigg und Segelplan vor sowie eine Kapselung der Antriebsmaschine und entwickelt zahlreiche Ideen zum komfortablen Ausbau des Lebensraums unter Deck.

1934 wechselt Oehlmann als Projektbearbeiter für den Marineschiffbau zur Schichauwerft in Elbing. Dort ist er erstmals verantwortlicher Konstrukteur. »Ich gab den Schiffen linienmäßig und auch sonst meinen Stil!«, schreibt er Jahre später. Er empfindet dies als eine herrliche Zeit.

Oehlmann bringt für seinen Beruf die speziellen Begabungen mit, die alle großen Konstrukteure vor Beginn des Computerzeitalters auszeichnet: künstlerische Kreativität, abstraktes Vorstellungsvermögen und die Genauigkeit eines preußischen Ingenieurs. »Er hatte die Gabe, sich ein Schiff nur anhand der Aufmaßtabelle geistig vorstellen zu können. Ganz ohne den Linienriss zu sehen. Er merkte den Zahlen an, ob die Linien wirklich laufen oder ob es einen Punkt gibt, an dem etwas nicht stimmt, der Riss gestaucht wird oder nicht strakt«, erinnert sich sein Sohn Herward heute noch an diese außergewöhnliche Fähigkeit seines Vaters.

Zwei Jahre später geht dessen lange gehegter Wunsch in Erfüllung, auch beruflich Segelyachten zu konstruieren. 1936 wird Oehlmann Abteilungsleiter bei Abeking & Rasmussen. Die Zusammenarbeit mit dem von ihm verehrten »Jimmy« Rasmussen bezeichnet er als die perfekte Grundlage für seine spätere Selbstständigkeit. Er bewundert die »hohe ästhetische Eleganz seiner Linien« und die »vollendete handwerkliche Kunst« der verschiedenen Werkstätten auf der Werft in Lemwerder.

In dieser Zeit gelingt ihm auch persönlich der Durchbruch. Im Januar 1938 schreibt der Königlich-Niederländische Wassersportverband einen Konstruktionswettbewerb für einen kleinen Seekreuzer aus. Als »ausgesprochenes Tourenschiff« solle dieser auch Erfolgsaussichten auf Regatten haben, die gemäß des britischen RORC-Handicap-Systems ausgetragen werden, so die Aufgabenstellung. Oehlmann sendet den Entwurf des 50er-Seefahrtskreuzers *Scharhörn* ein. Der landet prompt gemeinsam mit einer Konstruktion des Amerikaners C. Geiger auf Platz eins. Die YACHT schreibt seinerzeit: »Es ist ein großer Erfolg des deutschen Yachtbaus, dass einer unserer Nachwuchskonstrukteure gemeinsam mit dem Amerikaner den ersten Preis zugeteilt erhielt.«

Zwölf Exemplare des Seefahrtskreuzers werden später nach Oehlmanns Plänen gebaut. Schon in der Stellungnahme zu diesem frühen Entwurf kommt sein Bestreben zum Ausdruck, am liebsten frei von Formelzwängen die Linien seiner Entwürfe laufen zu lassen: »Schwächen haben alle Ausgleichsformeln, und diese in vernünftiger Weise auszunutzen ist Sache des Konstrukteurs. Ich sage absichtlich ›in vernünftiger Weise‹, denn Konstruktionen herauszubringen, die keine sind, nur um Vergütung zu schinden, sollten nicht geduldet werden.«

Oehlmann ahnt zu dem Zeitpunkt nicht, dass ihm diese rigorose Einstellung später zum Verhängnis werden soll. Die berufliche Schaffensperiode Oehlmanns als Konstrukteur unter eigenem Namen beginnt jedoch auch erst sehr viel später. Der Zweite Weltkrieg fordert seinen Einsatz in der Marinewerft Wilhelmshaven und im Rüstungsministerium. In der Nachkriegszeit liegen die Wirtschaft und mit ihr der Schiffbau am Boden. Oehlmann, inzwischen Vater von sechs Kindern, muss als Hilfskraft bei einem Bauern und als Gelegenheitshandwerker arbeiten, um die Familie durchzubringen. Doch willensstark, wie er ist, gelingt es ihm schon bald, wieder in seinem Beruf unterzukommen.

Für ein viel zu kurzes Jahr übernimmt er 1947 die Leitung der Siegfriedwerft in Eckernförde, wo aus seiner Feder die 13,70 Meter lange Hochsee-Tourenyacht *Magellan* entsteht. Besonders stolz ist er auch auf mehrere 20er-Jollenkreuzer. Einer dieser Entwürfe ersegelt und verteidigt über mehrere Jahre hinweg das gelbe Band der Schlei. Doch nach der Währungsreform 1948 drohen erneut schlechte Zeiten für den Yachtbau, und Oehlmann wird entlassen.

Aus der Not macht er eine Tugend und legt vor der Handwerkskammer Flensburg die Meisterprüfung als Bootsbauer ab. Dann versucht er sich erstmals als selbstständiger Yachtkonstrukteur. Seine Zeit aber ist immer noch nicht gekommen. Die Einnahmen fließen spärlich, sie erlauben ihm nicht, die Familie zu ernähren. Erneut sucht und findet der Ingenieur einen Broterwerb und leitet eine mechanische Fabrik in Ascheberg. Statt Yachten erschafft er Strickmaschinen, Dezimalwaagen und Luftgewehre. Vielleicht war sein Erfolg bei der Produktionssteigerung dieser Fabrik eine Referenz. Eines Tages jedenfalls, so schreibt Oehlmann selbst, erscheint der Geschäftsführer der Schlichtingwerft in Lübeck-Travemünde und heuert ihn als Leiter des Konstruktionsbüros an. Die Familie zieht ein letztes Mal um. Travemünde wird fortan Oehlmanns Wirkungsstätte bleiben.

Von nun an geht es bergauf. Bei Schlichting macht man sich sein Wissen für die Umstellung auf den Stahlschiffbau zunutze. *Pamir* und *Passat* werden unter seiner Mitwirkung wieder in Fahrt gebracht. Daneben hat er Gelegenheit, Yachten zu entwerfen. Es entsteht eine erste Kleinserie von sechs Meter langen Kielyachten.

Auf der Schlichtingwerft ist Oehlmann auch mit jenem Auftrag betraut, den er später den »schönsten seines Lebens« nennen wird: dem Umbau eines Kriegsfischkutters zur Schoneryacht *Coradina* für den Lübecker Reeder Heinz Schliewen. »Ein Umbau«, schreibt damals die YACHT, »der so erheblich ist, dass er einem Neubau gleichkommt.« Und weiter: »Man sieht es der *Coradina* an, mit welcher Freude der Konstrukteur an diesem Bau eines Gaffelschoners mit Klippersteven, Bugspriet, Galionsschegg, Monkey-Reling, Pallpfosten, Kranbalken und Nagelbänken gearbeitet hat.« Oehlmann blüht auf. Er darf sein Leben wieder voll in den Dienst der Konstruktion und des Baus von Schiffen stellen – und er tut es mit aller Kraft.

Eine stille Teilhaberschaft an der Heidtmannwerft in Hamburg verschafft ihm Kontakte zu Olin und Rod Stephens sowie zu Phil Rhodes und bringt ihn gedanklich wieder näher an den Yachtbau. Derart inspiriert, dauert es nicht lange, bis in Oehlmann erneut der Wunsch aufkeimt, sich endlich selbstständig zu machen. Obgleich die äußeren Umstände denkbar schlecht sind. Als er 1954 seine sichere Stellung bei Schlichting kündigt und ein eigenes Büro auf dem Priwall anmietet, ist in Deutschland der Wiederaufbau noch in vollem Gange, von Wirtschaftswunder noch keine Rede.

Doch Oehlmann ist nicht zu bremsen. Mit nur einem einzigen Auftrag in der Tasche macht er sich ans Werk. Für den Schweizer Dr. Deckel soll er eine 22 Meter lange Hochseeketsch entwerfen. Oehlmann muss mit seiner Arbeit und den Bürokosten in Vorleistung gehen. Aus heutiger Perspektive ein mutiges Unterfangen, aus der damaligen glatter Wahnsinn. Seine sechs Kinder sind alle noch in der Ausbildung. Doch die Natur des Genius ist auf Dauer in kein Angestelltenverhältnis zu zwängen. »Mein Vater war einer, der sich nicht unterordnen konnte«, sagt sein Sohn Herward. »Er wollte die Eigenständigkeit und hat auf das Abraten anderer nichts gegeben.« Auf die Frage, was seine Mutter durchgemacht haben muss, entgegnet er nur knapp: »Was mein Vater sagte, war für sie das Evangelium!« Und so tut das Familienoberhaupt, was es für seine Pflicht hält. »Frau und Kinder standen an zweiter Stelle, die Pflichterfüllung an erster«, erinnert sich auch Sohn Heiko, dessen Leben sich nach 1954 zu großen Teilen um das väterliche Büro drehte. »Wir waren ein Familienunternehmen. Wenn es mein Vater vorgab, erschienen wir und machten beispielsweise Lichtpausen für ihn.« Früh wurden seine Söhne mit dem vertraut, was ihrem Vater so sehr am Herzen lag: den Linien. Für ihn das Allerwichtigste bei einer Konstruktion. »Das ging so weit, dass er sich dem modernen Formelwesen gegenüber völlig verweigerte, weil er die Linien nicht so hätte laufen

„Scharhörn“

Mit dem Entwurf des 50er-Seefahrtskreuzers „Scharhörn“ gewann der damals 29-jährige Oehlmann einen holländischen Konstruktionswettbewerb.

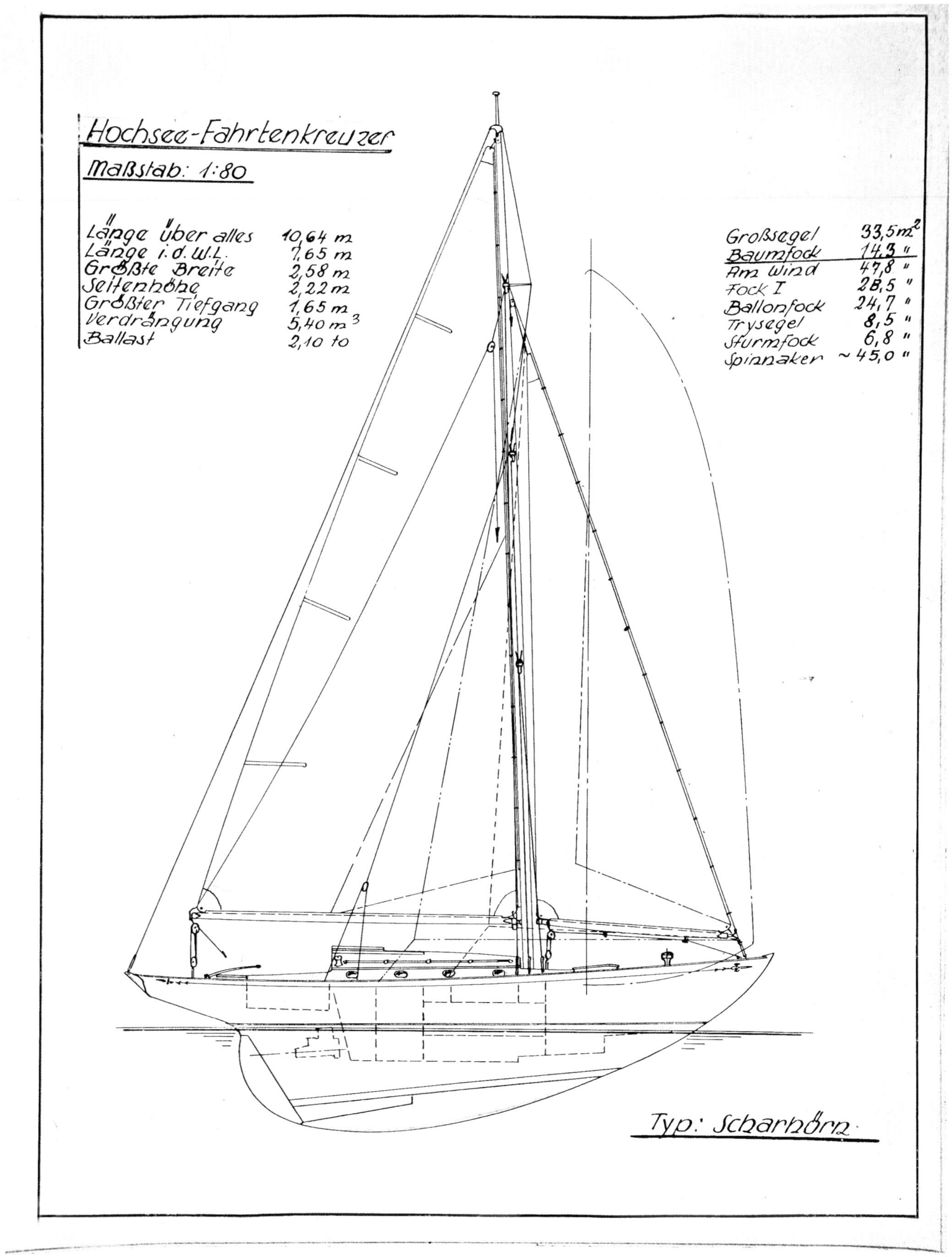

„Schleimöwe“
Die 5,5-KR-vermessene Fahrtenyacht entwarf der Meister für seinen Freund Friedrich Stache aus Lübeck.

lassen können, wie es seinem Sinn für Ästhetik entsprach. Schiffe mit abgeschnittenem Heck waren ihm per se verhasst.«

Diese Haltung lässt sich freilich nicht immer durchhalten. In den folgenden Jahren muss er vor allem dafür sorgen, dass sein Unternehmen rentabel ist. Er nimmt einen großen Auftrag der neu gegründeten Bundesmarine an und entwirft nahezu alle Kleinfahrzeuge, die benötigt werden: Pinassen, Barkassen, Motorkutter, K2K-Segelkutter und Jollen. Dieser Auftrag ermöglicht ihm über Jahre hinweg, einen Mitarbeiterstab zu beschäftigen, und hält ihm den Rücken frei, um sich selbst der Konstruktion von Yachten zu widmen.

Erfolgreich nimmt er an namhaften Konstruktionswettbewerben teil. 1957 erregt sein Entwurf der *Stülper Huk* Aufsehen, einer Zwölf-Meter-Kielschwert-Yawl. Und nur zwei Jahre später schreibt die britische »Yachting World«, Oehlmanns Name sei den Yachtdesign-Studenten durch seine hübschen Konstruktionen und die erfolgreiche Teilnahme an den letzten drei »Yachting World«-Konstruktionswettbewerben längst ein Begriff.

Die *Islander*, entworfen 1956, ist ein weiterer Erfolg. Die 39-Fuß-Yawl, ein früher Motorsegler mit Deckshaus, schlägt beim Transpac Race 1963 von Los Angeles nach Honolulu alle 32 Konkurrenten, darunter viele berühmte Rennyachten. Der Sieg erregt Aufmerksamkeit in der ausländischen Fachpresse. Das Schiff wird achtmal gebaut, fünf Einheiten gehen in die USA. Oehlmanns internationales Ansehen wächst, er erhält jetzt Aufträge aus den USA, Südamerika, Italien, Spanien und der Türkei.

Das Konstruktionsbüro Oehlmann ist voll ausgelastet. Seit 1962 ist Sohn Herward, mittlerweile als Schiffbauingenieur in die Fußstapfen des Vaters getreten, angestellt. Es entstehen einerseits Berufsfahrzeuge, die dem Unternehmen sichere Einnahmen garantieren. Den anderen Teil machen Segelyachten aus, wie sie der Vater immer entwerfen wollte. Jetzt kann er es. Er zeichnet den zukünftigen Eignern die Risse auf den Leib, sucht ihnen die passende Werft aus und führt die Bauaufsicht. Sein letzter Traum, der von der eigenen Werft, ist zu seinem Bedauern wirtschaftlich nie umsetzbar. Er arbeitet mit allen namhaften deutschen Yachtwerften zusammen. Seine Schiffe entstehen bei Matthiesen und Paulsen, Böbs, De Dood, Modersitzky, Henningsen & Steckmest, Hattecke, Lübbe Voss, Schlichting, Staack und anderen. Mit ein Grund, weshalb der Name Kurt A. H. Oehlmann heute in Vergessenheit geraten ist. Mit der Geschichte einer Werft wird er nämlich nicht in Zusammenhang gebracht.

Sein Herz schlägt zeitlebens für Fahrtenschiffe, deren Linien an die Risse von Max Oertz angelehnt sind. 1966 stellt die YACHT den der *Wappenklasse* vor, eine 10,40 Meter Rumpflänge messende Slup, die als formverleimtes »Fahrtenschiff vom Fließband« in Serie gebaut werden sollte. Obschon die Idee für damalige Verhältnisse äußerst fortschrittlich ist, bleibt sich Oehlmann beim Entwurf der Linie treu: »Ich habe mich, wie ich glaube, in richtiger Markteinschätzung für die konventionelle Linienführung entschieden, weil ich damit wohl dem Geschmack und den Ansichten über eine schöne Yacht des überwiegenden Teiles der deutschen Segler entspreche. Gänzlich davon abgesehen, dass ich eine ›moderne‹ Form nicht für so überlegen seetüchtig halte, widerspricht, mit wenigen Ausnahmen, diese moderne Linie auch meinem persönlichen Schönheitsempfinden. Aus der Natur wissen wir, dass alles Zweckmäßige auch zugleich schön ist. Ich habe mir deshalb für meine Arbeit die Richtlinie gezogen, Zweckmäßigkeit und Schönheit niemals voneinander zu trennen« (YACHT 11/1966).

Dieser Gedanke ist für Oehlmann zeitlebens heilige Verpflichtung. »Wenn ein Auftraggeber ihn zwang, gegen sein eigenes Schönheitsideal zu verstoßen, so ging er mit aufgestellten Nackenhaaren an die Arbeit«, sagt sein Sohn und Kollege Herward über den Vater. Erst recht lehnt er das Konstruieren unter dem Zwang einer Vermessungsformel konsequent ab. Als Ende der 1960er-Jahre die IOR-Formel auf den Plan tritt, macht er diese Entwicklung nicht mit. In seinen Augen wäre das ein Verstoß gegen die Gesetze der Ästhetik und damit ein Rückschritt gewesen. Unter den Designern der erfolgreichen Regattayachten sucht man Oehlmanns Namen daher vergebens.

»Er hat sich einfach nicht darum gekümmert«, erinnert sich der Konstrukteur und langjährige DSV-Vermesser Horst Glacer noch heute. Und nicht zuletzt wegen dieser Geradlinigkeit habe der namhafte und geschätzte Kollege ein hohes Ansehen genossen. »Er konstruierte reine Fahrtenschiffe, und die sahen ja auch gut aus«, sagt der heute 73-Jährige und fügt hinzu: »Von Schönheit im klassischen Sinne konnte bei den modernen Rissen ja auch nicht die Rede sein, da hatte Oehlmann schon recht.«

Dieser hat in den letzten Jahren seines Schaffens aber auch ohne Aufträge für den aufkeimenden Regattasport alle Hände voll zu tun. Er verlegt sich auf Einzelbauten für Eigner, die auf stäbigen Fahrtenschiffen zur See fahren wollen, und er entwirft zahlreiche Motorsegler. Er macht »die Honneurs« für das Büro, wie sich sein Sohn Herward erinnert, und kümmert sich um die Auftragsbeschaffung. Er hält Kontakt mit seinen Studienfreunden, Friedrich Stache beispielsweise, dem Oehlmann seine Yachten namens *Schleimöwe* konstruiert. Er ist in Yachtbaufragen außerdem gefragter Referent der Schiffbautechnischen Gesellschaft, deren treues Mitglied er während seines gesamten Berufslebens bleibt.

Der Ausstieg kann einem Mann wie Oehlmann nur schwerfallen. Sein Büro ist mehr für ihn als ein Job, es steht für Leidenschaft und selbstauferlegte Pflichterfüllung. Als Oehlmann es im Alter von 70 Jahren an Sohn Herward übergibt, richtet er sich in seinem Haus in Warnstorf wieder einen Arbeitsplatz ein. »Inzwischen bin ich in Pension gegangen, kann es aber nicht lassen und muss immer noch etwas am Reißbrett arbeiten«, schreibt er in seinem »Lebenswerk«. Ohne Auftraggeber geht er dem nach, was ihm Freude bereitet: Segelyachten aufs Papier zu bringen, deren Linien »laufen«. Über 100 Entwürfe allein aus dieser Periode liegen heute noch im Archiv des Sohnes.

Sein »Lebenswerk« beschließt Oehlmann im Jahr 1985 mit der Feststellung: »Leider ist die Zeit der klassischen, schönen Linien vorüber, wie sie von Herreshoff, Olin Stephens, Phil Rhodes, Fife, Jimmy Rasmussen und vielen anderen noch vor einer Generation entworfen worden sind, es sei denn, dass noch Oldtimer gewünscht werden. Heute hat die international gültige Formel Linien und Formen gebracht, die nicht immer elegant und als Augenweide schön zu nennen sind. Das ist sehr bedauerlich. Aber ich hoffe, dass dieses noch einmal wiederkommt. Anzeichen dafür sind vorhanden.« Er schließt mit dem Appell: »Man kann nur allen zurufen: Lasst uns wieder schöne Schiffe bauen!«

Im Jahr 1997 stirbt Kurt A. H. Oehlmann im Alter von 88 Jahren in seinem Haus in Warnstorf.

„Coradina"
Den Umbau des ehemaligen Kriegsfischkutters zum Gaffelschoner bezeichnete Oehlmann später als den schönsten Auftrag seines Lebens.

Großsegel 130,80 m²
Großtoppsegel 42,80 "
Schoonersegel 86,00 "
Baumfock 34,60 "
Klüver 35,50 "
Außenklüver 30,00 "
Segelfläche „Am Wind" 349,70 m²
Fischermannsegel 67,50 m²
Breitfock 85,00 "
Trysegel 70,00 "
Sturmklüver 25,00 "
Gaffelschooner
5 6 7 8 9 10 m

KNUD REIMERS

ÄSTHET AUF GANZER LINIE

Mit seinen atemberaubend schönen Yachten stieg Knud Hjelmberg Reimers zum führenden Konstrukteur Skandinaviens auf. Zeitlebens hat der geniale Stilist nur ein Thema variiert und verfeinert: den schlanken, schönen, schnellen Riss.

A

Anfang der 1950er-Jahre gönnt sich Knud Hjelmberg Reimers einen besonderen Spaß. Die Überführung der *Agneta* für den italienischen Industriellen Giovanni Agnelli von Stockholm zur Camper&Nicholson-Werft nach Gosport ist fast geschafft.

Unter gut gefülltem Tuch prescht die 25-Meter-Yawl im Solent durch eine Gruppe anderer Yachten. Plötzlich verlässt Reimers die Plicht und geht aufs Vordeck. Als hätte er den Autopilot eingeschaltet, schieben sich die schlanken, rotbraun schimmernden Mahagoniplanken kursstabil von allein durchs Wasser. Die anderen Segler staunen und applaudieren. Dabei kommt Reimers' virtuoser Umgang mit dem Schiff nicht von ungefähr. Er kennt die *Agneta* wie kein Zweiter. Er hat sie gezeichnet. Sie ist eines der eindruckvollsten Zeugnisse seiner großartigen Konstrukteurs-Karriere. Die seglerischen Qualitäten seiner Yachten führt Reimers rasend gern selbst vor. Er ist ein selbstbewusster, redegewandter Schalk, meist für einen Jux oder würzigen Kommentar zu haben.

Sein Geld verdient er mit der Konstruktion von Motoryachten, Handels- und Fahrtenschiffen aller Art. Das Entwerfen von Yachten, insbesondere Schärenkreuzern, ist seine Kür. Gestreckte Linien, wenig Freibord, ein unmerklicher Deckssprung zwischen einem aparten Löffelbug und dem eleganten Heck kennzeichnen seine Schöpfungen. Von ihrer enormen Länge abgesehen, bestechen seine Entwürfe durch unspektakulär hintergründigen Charme. Dies erklärt, warum die *Agneta*, die größte Interpretation des Reimers'schen Themas »schön schlank«, in den Mittelmeerhäfen allenfalls Liebhabern auffällt. Merkmal seiner Fahrtenboote ist das stufige Deckshaus mit giebelförmigem Fensterpaar und häuslicher Anmutung im achtern angehobenen Aufbau. Beim S-30-Tourenschärenkreuzer, einem seiner beliebtesten, über 300-mal gebauten Entwürfe, bietet dieses Deckshaus – Reimers nennt es »Groghytte« – sogar Stehhöhe. Solcher Komfort ist bei seinen Booten, die erstens zum Segeln und zweitens zum Angucken entworfen sind, keineswegs selbstverständlich.

„Agneta"
Ende der 1940er-Jahre als leichte Yawl gezeichnet, stammt sie unverkennbar aus Reimers' Feder: schön und schlank und von eher hintergründigem Charme.

1906 in Århus geboren, wächst Reimers in bescheidenen Verhältnissen auf. Die Mutter stirbt früh. Der Vater findet bei der örtlichen Zeitung als Setzer sein Auskommen. Reimers bewirbt sich um eine Seemannsausbildung an Bord des Fünfmast-Schulschiffs *København*. Doch er wird wegen Kurzsichtigkeit nicht genommen.

Reimers beschreitet nun den Landweg, um sich der Seefahrt und dem Segelsport widmen zu können. 1926 beginnt er eine Lehre bei der Fr.-Krupp-Germaniawerft AG in Kiel. Das Unternehmen ist seinerzeit gefragter Lieferant großer Yachten. Dann lernt er in der Konstruktionsabteilung von Abeking & Rasmussen (A & R) Boote zeichnen. Die Ausbildung an dieser damals schon angesehenen Adresse wird seinen Kurs durchs Leben prägen.

Die späten 1920er-Jahre sind die große Ära des Holzyachtbaus. In Lemwerder fliegen die Späne für betuchte Klientel aus aller Welt. Angesichts solcher Kundschaft benötigt Reimers ein ordentliches weißes Hemd. Weil sich die Anschaffung aus seinem

In seinem Büro
Halbmodelle an der Wand, zeichnet der gebürtige Däne seine Yachten. Das Firmenlogo erinnert an das berühmte Signet von Abeking & Rasmussen.

knappen Salär von 55 Reichsmark nicht bestreiten lässt, schrubbt er nebenher die Waggons der Reichsbahn, und zwar von unten, weil der Schmuddeljob doppelten Stundenlohn bringt.

Zügig absolviert Reimers an Bremens Technischer Hochschule ein Studium zum Schiffbauingenieur und assistiert nebenher am Schlepptank des Instituts. Im August 1930 beginnt er als Zeichner beim angesehenen Regattasegler und Yachtkonstrukteur Gustav A. Estlander in Stockholm.

Dessen plötzlicher Tod im Dezember desselben Jahres macht Reimers zum Nachfolger des gefragten Designers. Am 13. Januar 1931 übernimmt der 24-Jährige das Büro. Die Kronen zum Erwerb der Estlander'schen Firma samt ansehnlichem Kundenstamm leihen ihm Mitglieder des Königlich Dänischen Yachtclubs, die Reimers Jahre zuvor mit einer gewagten Stegreifrede in Kopenhagens feinem Langelinie-Pavillon für sich eingenommen hatte. Jetzt muss sich der gewitzte Däne nicht mehr mit heimlich aus Bremens Gemüsegärten gerupften Rüben durchschlagen oder Eisenbahnwaggons waschen. Selbstbewusst erinnert sein neues Logo mit den stilisierten Initialen »K« und »R« an das Werftsignet der angesehenen bremischen Bootsbauer A & R.

Reimers zeichnet für Eric Lundberg, Schwedens erfolgreichsten Regattasegler. Bei Lundbergs *Valiant* stellt Reimers den Mast erstmals auf Deck, eine damals unübliche, dafür platzsparende, trockene und den Stauchdruck großflächig über eine Mastbrücke verteilende Lösung. Der Ingenieur wird die Bauweise beibehalten. Sogar bei der *Agneta* steht der Mast an Deck.

Für Lundbergs *Korybant* experimentiert Reimers bereits in den 1930er-Jahren mit einem drehbaren Profilmast. 1937 zeichnet er Lundbergs berühmte *Bacchant 11*. Der 19,40 Meter lange, keine drei Meter breite 75er-Schärenkreuzer machte viele Jahre als mustergültig gepflegtes Flaggschiff des Milwaukee Yachtclub bei Regatten auf dem Lake Michigan von sich reden. Das Schiff inspiriert mit der *Fidelis* eine moderne Variante in Australien und ist Vorläufer des beliebten Tourenschärenkreuzers, wie Reimers ihn in der 22-, 30-, 40- und 55-Quadratmeter-Klasse vier Jahrzehnte später konstruiert.

Zu Lundbergs nächstem Vorhaben, dem Bau einer noch größeren Schäre, kommt es nicht mehr. Aber die Linien sind in leicht geänderter Form bei Agnellis Seekreuzer *Agneta* erhalten, den Reimers 1948 für den schwedischen Erfinder und Fabrikanten Oscar Wiberg gezeichnet hat. Als schlankes, vergleichsweise leichtes Schiff ist die *Agneta* eine wegweisende Konstruktion. Sie verdrängt keine zwei Drittel der vergleichbaren *Nordwind* von Henry Grubers Zeichenbrett.

Wie seine Konstrukteurskollegen variiert Reimers im Lauf der Jahrzehnte im Wesentlichen ein Thema. Seines ist die schöne, schlanke, schnelle Linie. Mit Uffa Fox, dem geschickten Segler, innovativen Bootsbauer und begeisterungsfähigen Publizisten, findet Reimers den idealen Botschafter, der ihm international zum Durchbruch verhilft. Denn was Fox im Magazin »Sail & Power« publiziert, wird im gesamten Commonwealth, also weltweit, zur Kenntnis genommen. 1938 werden in 24 Ländern 124 von Reimers entworfene Boote gebaut.

Wie der gebürtige Däne Henry Rasmussen, dessen Kontakte in die Staaten die Existenz in schwierigen Zeiten sicherte, verlässt sich Reimers nie auf den heimischen Markt. Er sucht sein Glück überall, wo es Geschmack und Geld für den Bau seiner Boote gibt. Zunächst in Amerika, wo Reimers seinen 30er-Schärenkreuzer in einer Anzeige als Jugendboot für vermögende Familien empfiehlt.

Der geschäftstüchtige Ästhet ist seines Glückes Schmied. Reimers macht etwas aus der bescheidenen Summe jener 1.000 Dänischen Kronen, die ihm sein Vater einst mitgeben konnte.

Anno 1954 nimmt Reimers mit seiner eigenen Konstruktion *Hazard 111* als erster Schwede am Bermuda-Rennen teil. Er segelt ebenfalls erfolgreich beim Fastnet Race und zeichnet Schiffe, die auf Regattabahnen sein Ansehen mehren. Darunter die 8,30 Meter lange *Fin-Gal*, der erste GFK-Seekreuzer Skandinaviens, ein erfolgreiches, 18 Fuß nach RORC vermessendes Boot, das mehrmals Gotland Runt gewinnt. Und deren größere Schwester, die knapp elf Meter lange *Bacchant IV*. Der GFK-Langkieler wird berühmt durch die 100.000 Seemeilen, die Ulf Petersson zwischen 1968 und 1985 mit dem Serienschiff segelt.

Mehr als Formel-Rennwert und Komfort interessieren Reimers die schönen schlanken Linien des Schärenkreuzers, den er einst unter Rasmussens Anleitung an der Weser kennengelernt hat. Nachdem der in 1920er- und 1930er-Jahren gefragte Bootstyp unter anderem am Zürichsee den Zweiten Weltkrieg und die wirtschaftlich schwere Zeit des Wiederaufbaus überstand, kommt es Ende der 1960er-Jahre zu einer bis heute andauernden Renaissance des 30ers am Bodensee. Wie gehabt wird die Europameisterschaft, eigentlich die inoffizielle WM der Klasse, abwechselnd in Schweden und am Bodensee ausgetragen. Dabei wird nicht nur ehrgeizig gesegelt, sondern auch eifrig über die Zukunft des eleganten Revierklassikers als Konstruktionsklasse oder One Design diskutiert.

Anfang der 1970er-Jahre passt Reimers mit dem S-30-Tourenschärenkreuzer, einem törn- und familientauglichen 12,50-Meter-Renner mit geteiltem Lateralplan, die schlanken Linien an gestiegene Komfortbedürfnisse an. 1975, zwölf Jahre vor seinem Tod, folgt mit der Swede 55 eine 16 Meter lange Variante mit nominell 55 Quadratmetern am Wind.

Eigner von Reimers' Booten sind waschechte Segler, die sich für Eleganz und wassernahen Segelsport begeistern. Der italienische Industrielle Giovanni Agnelli, dessen Vermögen langte, die Boote zu wechseln wie andere die Fender, behielt die *Agneta* 23 Jahre. Bei den meisten Eignern dauert die Affäre mit einem Reimers-Schiff sogar ein ganzes Seglerleben lang. Ein schönes Kompliment für den Doyen des skandinavischen Yachtentwurfs.

SWE

Reimers Name
steht heute vor allem für seine Konstruktionen in der schwedischen Konstruktionsklasse.

VERGESSENER SEGELGOTT

Der geniale Manfred Curry vom Ammersee erklärte der Welt die wissenschaftlichen Grundlagen des Segelsports. Aber 55 Jahre nach seinem Tod verblasst das Andenken. Vielerorts gilt er nur noch als arroganter Querdenker. Wie war Curry wirklich? Eine Spurensuche.

W»Wollen Sie wohl Raum geben?« Schräg hochgezogene Augenbrauen, eine tiefe senkrechte Stirnfurche und der scharf akzentuierte Tonfall verleihen der Forderung Nachdruck – Manfred Curry duldet keinen Widerspruch. Das Auftreten vor dem Hintergrund geballter Fachkompetenz zwingt den Konkurrenten reflexartig aus dem Weg. Der wundert sich später: »Was sollte denn das? Ich hatte Vorfahrt.« Curry: »Stimmt, aber ich habe ja auch nur gefragt.«

Ein Witz oder Ausdruck hochmütiger Überlegenheit? Was sagt die Antwort über das vor 55 Jahren gestorbene Segelgenie vom Ammersee? War er ein Clown oder ein arroganter Hund? In der deutschen Segelszene manifestiert sich immer mehr das negative Bild von Curry. Wenig erinnert an den Ausnahmekönner. Keine Denkmäler, Pokale oder Regatten würdigen ihn. Er lebt in der albernen Eingangsanekdote fort, die an Seglerstammtischen für Erheiterung sorgt. Sein Name wird im Zusammenhang mit einer Klemmvorrichtung genannt, die er nicht einmal selbst erfunden hat. Er steht für eine skurrile Bremsvorrichtung, die schnell verboten wurde. Selbst sein berühmtes Buch »Regatta-Segeln – Die Aerodynamik der Segel« droht in Vergessenheit zu geraten. Es wird nicht mehr aufgelegt. Das Andenken an den genialsten Menschen, den die deutsche Segelszene hervorgebracht hat, verblasst. Der Mann sollte auf dem höchsten Sockel stehen. Aber der Respekt wird ihm verwehrt.

Curry war nicht einfach nur ein sehr erfolgreicher Segler, der mehr als 2.000 Regattasiege errungen hat. Er gilt als einer der großen Pioniere. Für den Segelsport hat er so Fundamentales geleistet wie Otto Lilienthal für die Fliegerei. Curry erklärte der Welt, wie und warum sich Segelyachten fortbewegen. Dr. Joachim Schuhmacher stellt in seiner Dissertation »Die Geschichte des Segelsports« fest: »Segeln wurde von der frühen Kunst der wenigen Gottbegnadeten zur allen erklärbaren Technik.«

Die Amerikaner würdigten seine Leistungen 1993 mit der Aufnahme in die Hall of Fame. Die Begründung: »Ihm gelang mit der Entdeckung, dass der Sog-Effekt in Lee eines Segels viermal so groß ist wie der Druck in Luv, ein wissenschaftlicher Durchbruch.« Sein legendäres Buch schrieb er mit 18 Jahren. Er untersuchte die Strömung am Segel mit Vogelflaum-Fäden und gilt als Erfinder der Windbändsel. Er bewies mit Blechflügeln im Windkanal von Flugzeugbauer Junkers unter anderem, dass hohe, schlanke Profile am Wind effektiver sind als die üblichen breiten Gaffelriggs mit den langen Großbäumen.

Er bewies die Bremswirkung eines voraus segelnden Leebootes auf das Luvboot. Die »sichere Leestellung« ist heute ein feststehender Begriff. Er konstatierte, dass der Wind in der Höhe durch die größere Geschwindigkeit in einem anderen Winkel auf das Segel trifft als weiter unten. Das erfordert oben einen entsprechend angepassten Anstellwinkel des Profils, den sogenannten Twist.

Curry erkannte anhand der Verformung einer Eisscholle in der Strömung die große Bedeutung der Tropfenform in der Aerodynamik. Er experimentierte daraufhin mit elliptischen Profilmasten. Er versuchte mit einem breiten Plattengroßbaum, den bremsenden Druckausgleich zwischen Luv und Lee des Segels zu verhindern. Er war der Erste, der aus diesem Grund das Unterliek am Großbaum befestigte und es mit einem »Bauch«, einem Profil, versah. Der Wahl-Bayer forderte hohle Mastprofile mit innenliegenden Fallen lange, bevor man sie bauen konnte.

Erfolgscrew
Curry (l.), Jo Pankofer und Prinz Ludwig von Bayern auf der 30er-Schäre „Mechthild". Curry, mit über 2.000 Regattasiegen erfolgreichster Segler in Deutschland, war das Idol einer ganzen Seglergeneration.

Und er kam als Erster auf die Idee, das Segel mithilfe eines Liektaus in einer Nut am Mast zu befestigen.

Seine Versuche mit profilformenden durchgehenden Latten im Großsegel waren so erfolgreich, dass man sie bei Regatten verbot. Heute sind sie auf schnellen Booten nicht wegzudenken. Curry erklärte die lokalen thermischen Effekte an Binnenseen und schuf damit die Grundlage für seine vielen Regattasiege. Seiner mystifizierten »Windnase« lagen exzellente topografische Kenntnisse zugrunde. Er konnte sein Spielfeld exakt lesen.

Das Besondere an Currys Wissenschaft: Er bereitete sie verständlich für jedermann auf, indem er Beobachtungen aus der Umwelt anführte. So finden sich in seinem Buch viele Vogelbilder. Er sezierte Möwenflügel und entwickelte daraus die optimale Segelform. Er beschnitt Libellenflügel, um die Überlegenheit schlanker, hoher Profile zu überprüfen: Mit vertikal halbierten Flächen starteten die Insekten wie gewohnt. Mit horizontal gekappten Profilen verloren sie die Flugfähigkeit.

Viele Kritiker hielten dieses Vorgehen für unwissenschaftlich. Einige stempelten ihn als Scharlatan ab. Aber niemand konnte ihn widerlegen. Jahre nach seiner Arbeit im Junkers-Windkanal bestätigte das renommierte Massachusetts Institute of Technology in Boston seine Ergebnisse. Die Amerikaner bewiesen ihre Wertschätzung, indem sie ihn zur Mitarbeit an der America's-Cup-Verteidigung 1930 aufforderten. Er half, Harold S. Vanderbilts *Enterprise* zu einem Wunderwerk der Technik zu machen. Sie wurde die erste J-Yacht mit Hochtakelung. Grinder unter Deck, ein Alu-Mast mit den innenliegenden Fallen und der berühmte »Park Avenue« genannte Plattenbaum sind deutliche Anzeichen von Currys Einfluss. *Enterprise* siegte gegen *Shamrock* überlegen mit 4:0. Auf dem Höhepunkt seines Schaffens hielt der Bayer Vorlesungen in Boston und London mit den Großen der Zunft. Nur in seiner Heimat Süddeutschland war er umstritten.

»Wir nannten ihn Pfefferle«, sagt Prinz Ludwig von Bayern. Es klingt wenig respektvoll. Der damals 95-jährige Wittelsbacher, der auf Schloss Leutstetten am Starnberger See residierte, segelte 1951 mit Curry im 30er-Schärenkreuzer. »Er hat mich an Bord geholt, weil ich die schnellsten Spimanöver machte«, erinnerte sich der rüstige Adlige an den professionellen Ansatz des Maestros. Der Prinz musste zwar das Boot auftakeln. Aber damit hatte er kein Problem: »Das gehörte dazu.« Dennoch haben es nur zwei Fotos von Curry in Ludwigs Album geschafft. Er machte keinen Hehl daraus, dass es sich allenfalls um eine Zweckverbindung handelte. »Ich war stark, und er brauchte Vorschoter, die seinen extragroßen Spinnaker bedienen konnten.« Der Prinz bestätigte Currys Ruf als notorischer Regelschinder. Er bezeugt Geschichten, wonach der Meister ohne Skrupel das Segel über die Messmarken hinauszog. »Er liebte Konstruktionsklassen, weil er da am Material feilen konnte. Das damals aufkommende Starboot war kein Thema«, sagt Ludwig von Bayern, der seinerseits in die Klasse wechselte. Unterschwellig stellte er damit die überdurchschnittlichen seglerischen Qualitäten seines ehemaligen Steuermanns infrage.

Mit der Meinung war er nicht allein. Manfred Hummel, Redakteur der »Süddeutschen Zeitung«, schreibt 2007: »Curry hat meist nicht gewusst, wo es langging.« Diese irrige Annahme stammt offenbar vom Zeitzeugen Franz Heilmeier, den er zitiert: »Einmal hat er die Bodenseewoche gegen uns verloren. Curry war darüber so erzürnt, dass er sofort nach der Regatta verschwand und später seinen Chauffeur im noblen Packard schickte, um den Preis abzuholen.« Klar, dass so etwas bei der Konkurrenz nicht gut ankam. Auch Kai Krüger, der vor einigen Jahren einen Dreiteiler zum Leben Currys in der YACHT veröffentlichte, urteilt: »Curry war es egal, was die Leute dachten. In Sachen Segeln ging's ihm nur ums Siegen und sonst nichts.« Der manchmal »nervige Anspruch auf Unfehlbarkeit« habe dem Ansehen des Meisters geschadet.

Aber Currys Enkel Thomas glaubt nicht an das Bild des unnahbaren Ekels Manfred. Der Weinhändler hat seinen Großvater nie kennengelernt, aber die Erzählungen seiner Tante Sylvia Owen, Innenarchitektin in New York, beschreiben einen humor- und liebevollen Vater. »Der Typ war mit seinem Intellekt so überlegen, dass es wohl schwer zu ertragen war«, glaubt der Enkel. So entsteht Neid, die logische Triebfeder für haltlose Verunglimpfungen. 1953 bemängelt die YACHT im Nachruf über den »Kollegen« Curry, der häufig im Magazin schrieb, dass »in unserer Zeit dem genialischen Menschen so tiefes Misstrauen entgegengebracht wird«.

Curry-Bremse
Am Heck der „Aero II" befestigte Curry diese Klappen zum taktischen Bremsen in Regattasituationen. Das Patent hat sich im Gegensatz zur Curry-Klemme nicht durchsetzen können.

1931 äußert sich der Maestro in der YACHT zu den Anfeindungen: »Es ist nicht erfreulich, dass gerade im Segelsport manchmal eine Gehässigkeit herrscht, die oft ans Lächerliche grenzt ... Kann man sich denn nicht auch am Siege des anderen mit freuen?« Seine Erklärung: »Segeln ist eben in erster Linie ein intellektueller Sport. Nichts aber verärgert mehr als eine geistige Niederlage.« Die Akzeptanz-Probleme hatten auch mit seiner Herkunft zu tun. Die Familie war aus den USA eingewandert. Obwohl gebürtiger Münchener, galt Curry als Zugereister. Trotzig verzichtete er auf den deutschen Pass, sprach keinen Dialekt und ging 1928 bei Olympia für die USA an den Start.

Curry wurde von den Seglern häufig fehlende Geselligkeit vorgeworfen. Er trank nicht. Aber auch dafür gab es einen Grund. »Schon in jungen Jahren hatte er Herzprobleme«, weiß Marianne Schaake. Sie war 17 Jahre lang Currys Sekretärin und lebte in seinem Haus gegenüber vom Kloster Andechs. »Seine Ungeselligkeit war keine Arroganz, sondern reine Schonhaltung, die er nicht offen zeigen wollte. Er war nach Regatten mental so ausgelaugt, dass er sich ausruhen musste.«

Das Bild vom überheblichen Stinkstiefel ist mit diesem Wissen nicht mehr haltbar. Und so klingen auch die Worte auf der letzten Seite seines Buches weniger arrogant als witzig. Er beschreibt, wie man die Schiedsrichter bestraft, wenn »die sich pedantisch benommen haben: Man lässt sich ganz langsam rückwärts über die Linie treiben.« In einer späteren Auflage fügt Curry den Zusatz ein: »Der Leser mag mir diesen Ulk verzeihen. Ich schrieb den Satz als Achtzehnjähriger.«

Schärenkreuzer
Auch in der streng geregelten Schärenkreuzer-Klasse experimentierte Curry mit Rigg und Segeln in der Grauzone des Zulässigen.

„Aero“
Manfred Currys berühmte fischförmige 20er-Rennjolle mit revolutionärem A-Mast, Schwing-Rigg und durchgehenden Latten war eine technische Revolution und beherrschte viele Jahre die Regattaszene auf den süddeutschen Binnenseen.

»HOLZ IST SO WUNDERVOLL«

Mit seinen Händen hat er die schönsten und schnellsten Yachten gezeichnet. Alle Klassiker. Fast alle aus Holz. Olin Stephens, als Konstrukteur eine Legende, als Segler ein Fuchs, über wahre Werte, klare Linien und seine Vorliebe für Boote aus Biomasse.

O

Olin Stephens zählt zu den wichtigsten Konstrukteuren des 20. Jahrhunderts. Obwohl er sein Studium früh abgebrochen hatte, war er maßgeblich an der Verwissenschaftlichung der Zunft beteiligt, vor allem durch seine Arbeit an America's-Cup-Yachten wie der J-Class *Ranger* (1937) und vielen Zwölfern.

Bis zu seiner Pensionierung 1978 konstruierte er mit seinen Partnern bei Sparkman & Stephens daneben zahlreiche Serienboote, vor allem für Nautor in Finnland (Swan) und die US-Werft Tartan. Doch war Stephens nie nur ein Mann der Theorie und des Zeichenbretts. Er segelte auch aktiv und gewann zahlreiche wichtige Regatten, darunter das Transatlantik-Rennen 1931 und den America's Cup 1937 und 1958.

Bis zum Schluss, im Alter von 98 Jahren, verfolgte er intensiv alle Neuerungen im Yachtbau. Seine Erfolge, sein fundiertes Wissen und sein Respekt für die Tradition haben ihm den Status eines Weisen eingetragen, der weltweit sehr gefragt ist, entweder als Sprecher oder als Ehrengast bei Veranstaltungen.

Wir besuchten ihn daheim in Hanover, New Hampshire, wo er am Ende allein lebte, in einer stilvollen Dreizimmerwohnung voller Erinnerungsstücke am Ufer des Connecticut River. Nahbar und nachdenklich, zugleich humorvoll und geistreich nahm sich Olin Stephens an zwei Tagen Zeit für das Interview.

Ungeachtet seines Alters blieb der große Mann des Yachtdesigns ein umtriebiger Mensch. Nahm lieber die Treppe als den Aufzug, las viel, verreiste häufig und surfte jeden Tag im Internet. Und hielt, mit 98, sogar eine Gastvorlesung – ausgerechnet er, der Nicht-Akademiker. An der Thayer School of Engineering, die zur berühmten Ivy-League-Universität von Dartmouth gehört, referierte er auf Einladung des deutschen Professors Horst Richter über die Grundlagen der Bootskonstruktion.

»Als ich meine ersten Boote bauen ließ, schätzte ich ihre Lebensdauer auf 25 Jahre. Jetzt segeln sie schon dreimal so lang«

Weisheit des Alters
Mit 98 Jahren hatte der weltberühmte Konstrukteur eine gesunde Distanz zu den Dingen. Er zeichnete nicht nur die J-Class »Ranger«, er führte sie 1937 auch zum Cup-Sieg.

Herr Stephens, Sie haben von den 1920er-Jahren an neue Yachten gezeichnet, viele erfolgreiche Regattaboote darunter. Heute gelten die Konstruktionen als Klassiker und erleben einen regelrechten Boom. Überrascht?

Nein, ich finde die Boote ja auch schön. Je älter ich werde, desto mehr interessiere ich mich für alte Yachten.

Ist das ein Trend, eine Mode oder steckt mehr dahinter?

Ich glaube, das ist ein ganz grundlegendes Phänomen unserer Zeit. Für manche mag es ein Fimmel sein, doch bei vielen geht das Interesse in die Tiefe. Je mehr Technik unseren Alltag bestimmt, je schneller sich die Innovationen jagen, desto wichtiger wird diese Rückbesinnung auf die Ursprünge. Das gilt nicht nur für den Segelsport. Es gibt ja auch zahlreiche Leute, die Unsummen für klassische Möbel oder Automobile ausgeben.

Was macht für Sie die Faszination aus?

Für mich spielt der Baustoff dabei eine wichtige Rolle. Mit Aluminium, Kunststoff oder Kompit haben sich sicher ungeahnte Möglichkeiten für die Konstruktion von Booten erschlossen. Aber sie sind kein Vergleich zu Holz.

Warum nicht?

Holz ist so wundervoll, lebendig, ästhetisch. Es lässt sich schön und ebenmäßig von Punkt zu Punkt biegen, ohne Buckel und Falten. Es leitet weder Temperatur noch Geräusche besonders gut, daher ist ein Holzboot innen wohltemperiert und relativ leise. Außerdem verbreitet es diesen wunderbaren Geruch, was man von Polyester nicht behaupten kann. Und man darf auch eins nicht vergessen: Holz ist für kompetente Pflege äußerst dankbar. Das klingt nach Arbeit. Aber es schafft für viele Eigner eine besondere Bindung zu ihrem Boot.

Am Anfang Ihrer Karriere war Holz praktisch der einzige Werkstoff im Yachtbau. Wie hat das Ihre Arbeit beeinflusst?

Die Boote waren insgesamt schwerer. Aber wir haben dennoch versucht, leichte Rümpfe zu bauen, damit man mehr Ballast im Kiel unterbringen konnte. Es gab da übrigens noch einen zweiten fundamentalen Unterschied: Im Gegensatz zu den ultraleichten Designs der Rennyachten von heute, die raumschots und vor dem Wind unglaubliche Geschwindigkeiten erzielen, war damals die Leistung am Wind viel wichtiger, auch für Fahrtenschiffe. Ein Boot musste gute Segeleigenschaften auf der Kreuz haben, besonders bei leichtem Wind. Entsprechend haben wir gezeichnet. Moderate bis großzügige Verdrängung und ein ausgeglichenes Rumpfvolumen waren bergauf bei leichter Brise von Vorteil. Mein 30-Fuß-Daysailer *Kalmia* von 1928, mit langen Enden, großer Segelfläche und viel Ballast im Kiel war ein ganz gutes Beispiel für diesen Ansatz.

Die drei berühmtesten Boote aus Ihrer frühen Periode *Dorade, Stormy Weather* und *Edlu* segeln mehr als 70 Jahre nach ihrem Stapellauf noch immer. Erfüllt Sie das mit großem Stolz?

Natürlich ruft das in mir tiefe Befriedigung hervor. Wenn mir damals, in den Dreißigern, jemand gesagt hätte, dass meine Boote noch im 21. Jahrhundert segeln würden, ich hätte ihn für verrückt erklärt. Obwohl wir immer großen Wert auf solide Handarbeit gelegt haben und die Yachten strengen Design- und Konstruktionskriterien unterworfen waren, schätzte ich ihre maximale Lebensdauer auf 20, vielleicht 25 Jahre. So kann man sich irren. Aber es gibt eine interessante Begründung für diese Langlebigkeit, zumindest laut Federico Nardi, dem italienischen Meisterrestaurateur. Er sagt: Boote, die damals in den USA gebaut wurden, seien widerstandsfähiger, weil unsere Werften mehr Holz verwendet hätten und dort, wo Metallteile erforderlich waren, Bronze. Das setzte dem Holz im Gegensatz zu dem in Europa bevorzugten galvanisierten Stahl weit weniger zu.

Ihr erster international bekannter Wurf war *Dorade,* die 52 Fuß über alles maß. Was war das Besondere an ihr?

Sie war radikal. Das traf sowohl fürs Design als auch den Bau zu. Ich glaubte an den Vorteil von geringer Breite, die die benetzte Fläche und den Widerstand in der Welle reduziert. Deshalb ähnelte *Dorades* Länge-zu-Breite-Verhältnis den Sechsern sehr stark, die ich liebte und deren Linien ich damals intensiv studiert hatte. Mein Ziel war gutes Verhalten in der Welle, ohne radikale Stampfbewegung. Außerdem benötigte ich für das aufrichtende Moment viel Ballast im Kiel, was durch die Leichtbauweise des Rumpfs ermöglicht wurde. Wir entschieden uns für leichte und starke Spanten, die unter Dampf gebogen wurden und damals eher auf kleineren Booten fürs Küstensegeln Anwendung fanden. Das machte den Riss schnell.

Aber es gab auch Probleme.

Ja, ich war noch ziemlich unerfahren damals und hatte viel zu lernen. Trotzdem glaubte ich fest daran, dass neue Wege zum Sieg führen. *Dorades* Problem war die geringe Anfangsstabilität. Außerdem geriet das Boot etwas schwerer als berechnet, was ihm mehr Tiefgang, aber auch mehr Länge in der Wasserlinie bescherte. Es konnte ganz schön rollen, und an Deck kam öfter mal eine Pütz Wasser über. Aber ich hatte Glück, da die Nachteile letztlich nicht gravierend waren.

Wie haben Sie das Boot verbessert?

Gleich nach dem Stapellauf segelten wir das Bermuda Race mit dem originalen Rigg, das wir danach verkleinerten. Das war logisch, denn die Breite des Rumpfs war im Nachhinein ja nicht zu ändern. Dass wir das Rennen nicht gewonnen haben, lag aber nicht am Boot, sondern an meiner Navigation. Dennoch segelten wir eine starke Zielkreuz bei leichtem Wind und kurzer, steiler Welle. Es waren ideale Bedingungen für *Dorade.* Sie fraß die Meilen und hatte sichtlich Spaß daran. Im Rückblick bin ich der Ansicht, das hat die Enttäuschung über den entgangenen Sieg mehr als wettgemacht.

» Früher standen Eigner und Konstrukteure in einem engen Dialog. Heute ist das Wissensgefälle wesentlich größer«

Ein Jahr später, 1931, gewannen Sie mit *Dorade* das Transatlantik-Rennen nach England und danach das Fastnet. War das Ihr Durchbruch als Konstrukteur?

Ja, das kann man sagen. Sicher hatte ich auch schon vorher erste Aufträge. Aber diese beiden Siege waren eine unheimlich wichtige Bestätigung.

Welcher war bedeutsamer für Sie persönlich?

Viel ist berichtet worden über unseren Sieg im Transatlantic Race nach Plymouth. Aber ich finde, dass das Fastnet mehr über *Dorade* aussagte, weil wir gegen Schiffe gleicher Größe auf dem gleichen Kurs segelten. Wir hatten dafür unsere Atlantik-Crew, der auch mein Bruder Rod und mein Vater angehörten, mit Briggs Cunningham und einem revierkundigen Engländer verstärkt. Briggs war ein Freund und ausgezeichneter Sechser-Segler, der uns trotz Seekrankheit half, das Maximum rauszuholen. Der Engländer kannte sich im Bristol Channel gut aus, was uns bei der Navigation half. Der gute Mann konnte nicht fassen, wie lange wir den Spi oben ließen und wie *Dorade* mit mehr als 10 Knoten Speed vor dem Wind dahergeigte. Wenn ich daran zurückdenke, muss ich heute noch schmunzeln.

Sie hatten ein besonders gutes Verhältnis zu Ihrem jüngeren Bruder Rod und waren beruflich Partner. Wie funktionierte die Arbeitsteilung?

Rod war der bessere Athlet und Segler, aber auch ein wichtiger Ratgeber. Er liebte das Wasser und wollte wie ich alles lernen, was mit Booten zu tun hatte. Er war der Mann fürs Detail, dem nichts entging und dem es nichts ausmachte, tagelang im Rigg herumzuturnen, um einen Mast perfekt einzustellen. Deshalb kümmerte er sich um die Bauüberwachung unserer Entwürfe. Ihm war das seltene und wertvolle Talent gegeben, sich in allen Situationen sehr schnell zurechtzufinden, egal ob als Segler auf einem America's-Cupper oder als Ingenieur, der den Autoherstellern in Detroit half, einen schwimmenden Laster zu bauen.

Sie beide, sagt man, haben schon früh einen intensiven Kontakt zu europäischen, besonders auch deutschen Werften und Konstrukteuren gepflegt. Wie kam es dazu?

Angefangen hatte es mit den Zehnern, die mit dem Aufkommen der International Rule in den USA eine Zeit lang sehr populär waren. Die wurden in Deutschland von Abeking & Rasmussen gebaut und nach Halifax in Kanada geliefert, von wo sie unter Umgehung des US-Zolls nach New York gesegelt wurden. Mein Vater und ich haben so den Zehner *Ranta* überführt. Später, als ich mit Starling Burgess an *Ranger* arbeitete, wollte der den deutschen Zeichner Henry Gruber holen, der zuvor für ihn gearbeitet hatte. Gruber schlug unsere Einladung aber aus.

Auch nach dem Zweiten Weltkrieg hatten wir großes Interesse, Schiffe in Europa bauen zu lassen, weil der Dollar sehr günstig stand und weil wir überzeugt waren, dass man dort so wie früher gute Arbeit leisten würde. Rod, der die verschiedenen Bauprojekte beaufsichtigte, konnte da besser Vergleiche anstellen. Zwei seiner liebsten Werften waren Huisman in Holland und eben A&R, weil man dort nur in allerbester Qualität produzierte.

»Ich habe nichts gegen Nachbauten historischer Yachten. Aber dann soll man bitte auch dem Geist des Originals Genüge tun. *Ranger* ist ein schlechtes Beispiel. Das neue Boot ist 40 Tonnen zu schwer, ein ganz anderes Schiff«

Sie haben Mitte der Dreißiger mit Ihrem Kollegen Starling Burgess die Professionalisierung des Bootsdesigns vorangetrieben und Tanktests durchgeführt. Das kam der J-Class *Ranger* sehr zugute, mit der Sie 1937 den America's Cup verteidigten. Was brachte diese Technologie und inwieweit profitierten Ihre »normalen« Kunden davon?

Ich habe immer an die Nützlichkeit von wissenschaftlichen Erkenntnissen für effizientes Design geglaubt. Die Zusammenarbeit mit Kenneth Davidson, der diese Modelltests am Stevens Institute in New Jersey im Schlepptank durchführte, war mir eine wertvolle Leithilfe, weil ich dadurch lernte, was ein gutes Boot erst gut macht. Im Alltagsgeschäft war das ebenfalls ein Pluspunkt, weil es mir als jungem Designer in den Augen der Kunden Glaubwürdigkeit verlieh und sie sahen, dass wir unsere Ideen weiterentwickelten. So stiegen ihre Chancen, mit einem neuen Boot auch ein besseres Boot zu bekommen.

In den 1960er-Jahren kam mit dem Kunststoff der Serienbau. Als erklärter Freund von Holzbooten: Wie haben Sie diesen Übergang erlebt?

Wir hatten das Glück, mit Swan einen starken Partner zu finden. Es begann mit Pekka Koskenkyla, der sich ein Sparkman & Stephens-Design bauen ließ, mit dem er später in Produktion ging. Er nannte seine Firma Swan, nach dem finnischen Wappentier, und das Boot nannte er »Swan 36«. Dann kam Ake Lindquist, ein Lloyd's-Gutachter, der sich einen 43-Fußer bauen ließ. Dieser Umstand war für Swan und S&S sehr nützlich, weil Lindquist auf Qualität und Robustheit großen Wert legte. Dies brachte den Yachten der Werft den Ruf eines Rolls-Royce der Meere ein.

Wie hat sich das Verhältnis von Konstrukteuren zu den Kunden geändert?

Vor der Zeit der Computer wussten Designer über das Geschwindigkeitspotenzial eines neuen Bootes nur unwesentlich mehr als der Kunde. Überhaupt waren die Eigner sehr kenntnisreich. Es ging damals ja stets um Einzelbauten, also konnte und musste man eigene Vorstellungen von seiner Yacht entwickeln. Daraus entstand ein sehr direkt geführter, fast partnerschaftlicher Dialog. Heute ist das anders, weil Designer hochspezialisiert sind und über wissenschaftliche Werkzeuge verfügen, die nicht allgemein zugänglich sind. Das heißt, das Wissensgefälle ist wesentlich größer.

Die meisten Schiffe werden inzwischen quasi industriell in Großserie gefertigt. Geht da etwas verloren?

Ohne Zweifel. Ästhetik und Individualität werden Effizienz und Komfort untergeordnet. Ein Designer kann heute schon Probleme bekommen, wenn er auf einem elegant geschwungenen Deckssprung besteht. Leider. Aber es gibt ja auch Anzeichen für eine Gegenbewegung.

Olin Stephens
konstruierte „Stormy Weather" im Alter von nur 25 Jahren, sie war bereits eine Fortentwicklung seines Designs für die „Dorade". Beide nannte Stephens bis ins hohe Alter als Beispiele seiner Lieblingsdesigns.

»Die aktuelle Renaissance klassischer Linien ist eine logische Folge des nutzwertorientierten Designs moderner Serienboote«

Inwiefern?

Eigner haben sich an das nutzwertorientierte Aussehen moderner Serienboote so sehr gewöhnt, dass die eleganten Linien eines Fife- oder Herreshoff-Designs einen reizvollen Kontrast darstellen, weil sie Sachzwängen nicht so stark unterworfen waren. Unter diesem Gesichtspunkt ist die aktuelle Renaissance von klassischen Yachten fast logisch. Aus meiner Arbeit fällt mir dazu *Stormy Weather* ein, eine für damalige Verhältnisse extreme Rennyacht, die sehr erfolgreich war und dennoch mit eleganten Linien aufwarten konnte. Das ist heute selten geworden.

Schwingt da Wehmut mit?

Ein wenig, vielleicht. Deshalb freue ich mich ja so über die Klassikerszene, die mit unglaublich viel Aufwand alte Yachten erhält. Als ich vor knapp zehn Jahren in Italien die frisch restaurierte *Dorade* sah und mit ihr ein paar Schläge gesegelt bin, war ich regelrecht gerührt. Ich bin sicher kein Fortschrittsfeind, weiß Gott. Ich finde Innovationen toll. Man muss sie nur gekonnt umsetzen. Die steigende Popularität von Retrodesigns, die moderne Technologie und traditionelle Linien zusammenführen, lässt mich aber hoffen. Das gefällt mir.

„Dorade“
Von Stephens 1931 im Atlantikrennen selbst zum Sieg gesegelt, steht sie im Ruf, zu ihrer Zeit alle wichtigen Regatten der Welt gewonnen zu haben.

„Skylark“
Stephens Design 146 ist eine Weiterentwicklung der „Stormy Weather“ und entstand 1937.

HOLMS YACHT-VARV
GAMLEBY.
SWEDEN.

EIN STILLER CHARAKTER

Er war der erfolgreichste Olympiasegler Schwedens.
Und ein ebenso guter Konstrukteur.

S Seine Lebensgeschichte ist mehr als nur die Vita eines Seglers. Denn die Biografie Tore Holms handelt von der Entwicklung des Segelns zu einer modernen Sportart, von der Kunst, Yachten zu entwerfen, zu bauen und sie auf internationalen Regatten zum Erfolg zu segeln. Und sie handelt von klassischen Yachten als erhaltenswertem Kulturgut. Vor allem aber erzählt sie die Geschichte eines Mannes, der in äußerst turbulenten Zeiten lebte. Und so wird dieser Rückblick zu einer Zeitreise durch die Höhen und Tiefen des 20. Jahrhunderts.

Einer der seglerischen Höhepunkte dieser Epoche waren die olympischen Regatten vor Kiel im Jahr 1936. Für Tore Holm ein eher denkwürdiges Ereignis. Es ist bezeichnend für den Schweden, dass er damals in einem Interview mit der YACHT weder die Jury noch seine Konkurrenten kritisierte, obwohl er mit seiner Crew in der vorletzten Wettfahrt stark benachteiligt wurde. Holm versteckte seine Kritik vielmehr in einem Vorschlag zur Modifizierung der Punktewertung. Um Proteste zu vermeiden, die sich ergäben, wenn leistungsschwache Segler versuchten, mithilfe ihres Regelbuchs mehr Punkte zu bekommen, solle man »nach den ersten drei oder vier Regatten nur noch die Segler weiter gegeneinander antreten lassen, die bis dahin als Erste, Zweite oder Dritte durchs Ziel gegangen sind. Dann können sie unbehindert von den vielen anderen ihre Entscheidungskämpfe austragen, ohne dass es so viele Proteste gibt.« Doch das war sein einziger Kommentar zum Regattageschehen. Seine weiteren Antworten bezogen sich auf die Organisation der Spiele. Die lobte Holm mit großen Worten, »weil alles so gut von den Deutschen geregelt wurde«.

Tore Holm (1896–1977) *trug an Bord stets Krawatte und die Mütze des Königlich Schwedischen Yachtclubs KSSS.*

Dabei hätte Holm alles Recht gehabt, seine große Enttäuschung über die Arbeit der Jury zum Ausdruck zu bringen. Im sechsten Rennen kollidierte sein Achter *Ilderim* mit der königlich dänischen *Anitra*, weil sich diese einem aggressiven Luvkampf mit der königlich norwegischen *Silja* hingegeben hatte. *Anitra* protestierte gegen *Ilderim*, aber der Protest wurde abgewiesen. *Anitra* ging daraufhin in Berufung, und der Fall wurde von der internationalen Jury zwei Tage lang erörtert. Schließlich beschloss die Jury, *Ilderim* im sechsten Rennen zu disqualifizieren, wodurch Schweden die bereits sichere Goldmedaille nicht mehr gewinnen konnte und auf den vierten Platz zurückfiel.

Tore Holm war mit der Entscheidung der Jury nicht einverstanden. Im Gegenteil. Er war sich sicher, dass er nichts falsch gemacht hatte. Doch Sportsmann, der er war, hätte er niemals öffentlich ein Wort der Kritik an der Jury geäußert.

Als hervorragender Segler und Gentleman zugleich wird niemand geboren. Tore Holm erhielt die ersten Lektionen in beiden Fächern von seinem Vater Knut. Bereits mit acht Jahren wurde er in dessen Crew aufgenommen. Vater Holm war ein geschickter Segler, aber auch anspruchsvoller Skipper. Selbst gab Tore Holm sein Debüt als Skipper im Alter von 21 Jahren bei einer lokalen Regatta. Im darauffolgenden Jahr setzte er diese Karriere auf nationaler Ebene vor Sandhamn fort. Er lernte mit Niederlagen umzugehen, aber bald auch, wie es ist zu gewinnen – was sportpsychologisch weit mehr bedeutet als nicht zu verlieren. Als Crewmitglied auf den Yachten erfahrener Segler nahm er bald an internationalen Regatten teil und erkannte schnell, warum nur ein fairer Sieg die Mühe wert ist.

Seine positive Ausstrahlung blieb niemandem, der ihn kennenlernte, verborgen. »Wir alle lieben ihn sehr. Tore Holm ist bei allen beliebt«, wird ein Konkurrent Holms von der YACHT 1936 zitiert. In seiner schwedischen Heimat wird Holm schon zu Lebzeiten hoch verehrt. »Er weiß alles, was mit der See und dem Segelsport zu tun hat. Er kann ein Boot bauen und riggen, und als Steuermann ist er ein Meister. Wie alle großen Männer ist Tore Holm ein stiller Charakter, der Getöse über seine Person oder sein Schaffen verabscheut. Doch das ist auch gar nicht nötig, denn beides spricht für sich.«

Selbst in Momenten größten Erfolgs behielt Tore Holm seine bescheidene Haltung gegenüber den Konkurrenten und dem Sport selbst bei. Im Juni 1932, kurz bevor er nach Los Angeles aufbrach, um olympisches Gold im Sechser zu ersegeln, steuerte Tore Holm das Starboot *Blue Bird* bei den offenen Deutschen Meisterschaften vor Kiel zum Sieg. Neun deutsche und zwei schwedische Boote ließ er hinter sich, aber in einem Brief an seine Frau kommentierte Holm nur die positiven Folgen für die Bootswerft seines Vaters: »Sie werden jetzt alle Boote bei dem alten Mann in Gamleby bestellen, der wird dann weltbekannt als Papa Star.«

Doch all das sind nur Beispiele von vielen Gelegenheiten, bei denen Tore Holm seinen gesunden Sportsgeist erkennen ließ. Eine Regatta war für ihn kein Selbstzweck, sondern »ein Mittel, um besser konstruierte, schnellere und leichter zu segelnde Boote zu entwickeln«, wie er seine Auffassung 1946 in einem Interview auf den Punkt brachte.

Dabei war es zu Holms Zeiten alles andere als einfach, immer wieder erfolgreichere Boote zu entwerfen. Es gab viele Regeln, und sie änderten sich ständig. Ein Konstrukteur musste jede neue Regel gründlich verstehen, um sie richtig ausreizen zu können, und Computer, mit denen er Simulationen hätte durchführen können, gab es nicht. Holms Werkzeuge waren Bleistift und Papier, die Vermessungsvorschriften – und seine Intuition. Yachtdesign war eine Kombination aus Kunst und Technik. Während Tore Holm 1936 vor Kiel nur knapp am olympischen Gold vorbeisegelte, war sein Vater daheim mit Gedanken an den Ruhestand beschäftigt. Er war langsam zu alt geworden, um seine legendäre Bootswerft in Gamleby weiterzuführen, und bat den Sohn eines Tages, die Leitung zu übernehmen. Nach einigem Zögern stimmte der zu, denn »die Werft verfügte über eine hervorragende Belegschaft«, und die wollte er nicht der Konkurrenz überlassen.

Von da an leitete Tore Holm den gesamten Entstehungsprozess einer erfolgreichen Yacht: Er entwarf sie, häufig allein in der Stille der Nacht, und er überwachte ihren Bau. Oft wurde Holm von seinen Kunden auch gebeten, ein neues Boot zu segeln, um dessen Performance zu testen. Holm tat das gern – und in der Regel mit Erfolg. Noch heute ist er der schwedische Segler mit den meisten olympischen Medaillen: zwei goldene und zwei bronzene. Und 1936 in Kiel war ein drittes Gold zum Greifen nahe.

Der Bau von Holzbooten mit den Methoden des frühen 20. Jahrhunderts ist eine Geschichte für sich. Es gab nur wenige Elektrowerkzeuge. In den späten 1930er-Jahren gab es in Holms Bootswerft zwei große Hobelmaschinen, eine Kreissäge, zwei Bandsägen, elektrische Bohrmaschinen, Schleifmaschinen und einen Staubsauger. Alles andere waren Handwerkzeuge, die den Arbeitern gehörten, von ihnen gewartet und oft auch selbst hergestellt worden sind. So war sichergestellt, dass die Werkzeuge immer in einem guten Zustand waren. Ein erfahrener Bootsbauer erkannte etwa am Klang, ob seine Hobelklinge geschliffen werden musste. »Wenn es wie Musik klang, dann war der Hobel in Ordnung«, erinnert es Martin Gustafsson, einer von Holms früheren Mitarbeitern, noch heute. Auch um seine Arbeitskleidung kümmerte sich jeder selbst und imprägnierte das Zeug mit Leinöl und Terpentin so gründlich, dass er es nach dem Ausziehen in die Ecke stellen konnte.

Die Arbeitsbedingungen von damals würden heute keinen Vorschriften gerecht. Im Winter war es kalt, im Sommer heiß, oft staubig und manchmal laut. Der prominente Segler und Schriftsteller Uffa Fox aus Großbritannien war schockiert, als er mitten im kalten Winter 1937 eine nordische Bootswerft besuchte: »Man hatte Mitleid mit den Männern, die an diesem Schiff arbeiteten, denn sie hatten lediglich ein Dach über dem Kopf.«

Bei Holm konnten die Bootsbauer zwar die meisten Arbeiten in einem Werftschuppen mit vier Wänden erledigen, der war aber kaum isoliert. Im Winter betrug die Innentemperatur nicht selten Minusgrade, wenn am Morgen die Arbeit begann. Und bei der waren Handschuhe hinderlich. Wohl gab es eine Heizungsanlage – ein Feuer im Kesselraum des Nachbargebäudes erzeugte Dampf, der zu den Heizkörpern geleitet wurde –, aber die Rohre froren nachts häufig ein, und der Dampf kam dann erst am späten Vormittag in der Werkstatt an. Auch die Druckluftwerkzeuge waren an solchen Tagen meist eingefroren. Im Sommer hingegen war es im Schuppen heiß, und die Temperatur lag schon mal bei 30 Grad Celsius oder sogar darüber. Obwohl die Werkstatt täglich sauber gehalten wurde, war es staubig und laut, wenn Maschinen wie die Druckluftwerkzeuge oder Bandsägen im Einsatz waren.

Die handwerkliche Arbeit der Bootsbauer war anspruchsvoll, aber der Lohn, den sie erhielten, nicht hoch. Ein erfahrener Mann konnte von dem Geld wohl leben, aber beileibe nicht üppig. In der Regel gab es auch gar nicht jede Woche Arbeit, und im Sommer wurden die Beschäftigten normalerweise vorübergehend entlassen. Lohnfortzahlung im Krankheitsfall kannte man nicht. Doch die Bootsbauer waren deshalb nicht unzufrieden. Ihre Einstellung folgte einer Berufsehre, die von Stolz auf das Werk und die eigenen Fähigkeiten geprägt war und zum Streben nach Perfektion führte. Und trotz aller Unannehmlichkeiten verstanden sich die Männer prächtig. Ihre Arbeitsmoral hielt sie zusammen. Das Ergebnis musste einfach gut sein, und es gab immer einen freundschaftlichen Wettbewerb zwischen zwei Arbeitern, wenn parallel an ähnlichen Aufgaben gearbeitet wurde.

Und so kommt es, dass mehrere der damals gebauten Yachten heute noch segeln. Tore Holm selbst rechnete nicht damit, dass seine Yachten ein derart hohes Alter erreichen würden. Er ging vielmehr davon aus, dass die Lebensdauer eines typischen Schärenkreuzers 30 bis 35 Jahre betragen würde. Heute erleben die Eigner jedoch, dass ihnen eine dauerhaft gut gepflegte Yacht die gleiche Freude bereiten kann wie in den 1930er- oder 1950er-Jahren – wenn sie einst gut gebaut worden ist. Die Boote leben dann länger als ihre Besitzer.

Wer heute nach einer Tore-Holm-Konstruktion sucht, aber nicht fündig wird, kann sich nach seinen Originalzeichnungen immer noch ein neues Schiff bauen lassen. Allein seit der Jahrtausendwende wurden zwei Achter, zwei Fünfer und eine J-Class aus der Feder Tore Holms traditionell nachgebaut. Und in den 1970er-Jahren wurden schon einmal fünf Sechser aus modernen Materialien hergestellt, nachdem die Form von einem klassischen Holm-Boot abgenommen worden war.

Während seiner Jahre als Unternehmer war es für Tore Holm nicht immer einfach, seine Bootswerft wirtschaftlich zu betreiben. Während das Geld in den Kriegsjahren noch im Überfluss vorhanden war, wurde es knapp, als die Menschen hinterher wieder segeln konnten. Weil nach dem Krieg eine Depression einsetzte, war die Nachfrage nach neuen Yachten nicht mehr so hoch wie in den 1930er-Jahren. Die Inflation sorgte für überraschende Preissteigerungen bei den Materialien. Tore Holms mangelnde Bereitschaft, bei der Qualität Kompromisse einzugehen, war ein weiterer Faktor, der erklärt, warum seine Werft Mitte der 1950er-Jahre schließlich unrentabel wurde.

Tore Holm verlegte sich allein auf das Konstruieren. Er entwarf weiterhin Regattayachten, aber auch Seekreuzer für die immer beliebter werdende Fahrtensegelei. Die entwickelte sich im Schweden der 1960er zum Hobby für jedermann. Lange Sommertage lockten die Städter vermehrt zu Törns in die geschützten Gewässer des malerischen Schärengartens mit seinen zahlreichen Naturhäfen, wo sie baden und grillen konnten.

Holm erfüllte diese Sehnsüchte an seinem Lebensabend und konstruierte geeignete Boote. Selbst blieb er jedoch eingefleischter Regattasegler. Noch 1961, im Alter von 64, nahm er auf dem Mittelmeer das Ruder des Sechsers *May Be IX* in die Hand, um den Eintonner-Pokal zu erkämpfen. Doch die Überführung von Marseilles nach Cannes geriet zu einem stürmischen Horror-Trip, und Holm übergab die Pinne vor dem eigentlichen Rennen wieder dem Eigner und fuhr an den Zeichentisch im heimischen Gamleby bei Stockholm zurück. Hier wirkte Tore Holm noch bis kurz vor seinem Tod im Jahr 1977.

Werftbetrieb
Der erste Neubau wurde bei Vater Knut Holm durch die Wand geslippt.

HOLMS
YACHT-VARV
GAMLEBY

„Sif"
Der 40-qm-Schärenkreuzer wird 1920 für den Transport zu den olympischen Regattcn vor Antwerpen verladen, die Herkunft steht auf dem Kiel.

8
N 26
8
G 9

Olympia
Das Startfeld der Achter am zweiten Tag der olympischen Regatten vor Kiel 1936.

BOOTE VOM BAUERNHOF

Er war einer der findigsten Konstrukteure seiner Zeit – und Freund unorthodoxer Entscheidungen: Karl Vertens, der Werftchef vom Land.

M

Der frische West schüttelt farbiges Laub von den Bäumen und treibt bleierne Wolken vor sich her. Schaumkronen zieren die Schlei, die sich bei der Einmündung der Füsinger Au weitet. Oben am Reiterhof knattert ein Trecker vorbei an den Pferden, die bei Gut Winning zum Ambiente gehören wie das weißgetünchte Herrschaftshaus und das Schilf unten am Wasser. Ein Folkeboot ist hier geparkt und fügt sich ins Idyll.

Wie eine Metapher wirkt es. Denn tatsächlich wurden an dieser Stelle einst besondere Boote gezimmert. Von keinem Geringeren als Karl Heinrich Johannes Vertens, der 1926 von Bremen hierhergezogen war, um genau das nicht mehr zu tun. Er wollte auf dem Gutshof aussteigen aus der Welt der Werften, die ihm so viel gegeben, aber auch alles abverlangt hatte. Vertens schätzte die Ruhe und das Landleben. Nur war er nicht Bauer, sondern Bootsbauer, mehr noch: Konstrukteur. Ein Tüftler, der ständig Neues probierte. Und davor gab es kein Davonlaufen. So führte er im Kuhstall schließlich fort, was er eigentlich hatte aufgeben wollen.

Es war nicht die einzige Volte in seinem an Brüchen reichen Leben. Vielleicht erklärt das, warum er aller Erfolge zum Trotz ewig im Schatten anderer blieb. Dass man von ihm heute in Seglerkreisen nicht annähernd so viel spricht wie von Oertz, Rasmussen oder Gruber, hat freilich noch einen zweiten Grund: Er war vor allem in seinem Spätwerk mehr auf Motoryachten spezialisiert. In beiden Weltkriegen entwickelte er außerdem Spezialschiffe für die Marine.

Und doch gibt es ein Segelboot, das seinen Namen unsterblich machte. Denn es trägt ihn in der Typenbezeichnung: der Vertenskreuzer. Karl Vertens zeichnete ihn Anfang der 1930er-Jahre und landete – für Kenner nicht verwunderlich – einen Volltreffer. »Dieses außerordentlich sorgfältig durchkonstruierte Fahrzeug besticht von vornherein durch die Eleganz seiner Linienführung«, rühmte die YACHT in Ausgabe 4/1933. Das 9,50 Meter lange Fahrtenboot fand schnell Verbreitung, weil es für eine effiziente Produktion aus vorgefertigten Bauteilen ausgelegt war. So blieb der Preis mit 3.000 Reichsmark (heute etwa 10.000 Euro) sehr günstig. Der Kreuzer mit dem Karo im Groß war deshalb so erfolgreich, »weil er dem Zeitgeist entsprach«, sagt Peter Vertens, der Enkel des Konstrukteurs. Der Elektroingenieur, seit seiner Pensionierung der Radiästhesie verschrieben, sitzt heute noch am Schreibtisch seines Großvaters und hat sich intensiv mit dessen Geschichte befasst. »Karl war ein tüchtiger Geschäftsmann«, betont er. »Sein Entwurf verlieh diesem Umstand Ausdruck.« Umso mehr bedauert er, dass nur wenige Exemplare des Vertenskreuzers erhalten geblieben sind.

Wer aber war dieser Mann? Woher nahm Karl Vertens sein Können, seine Erfahrung? Und warum überhaupt hatte er seiner Passion, Boote zu bauen, abgeschworen, nur um wenige Jahre später – mitten in der Provinz – einen seiner größten Erfolge zu schaffen?

Karl Vertens kam 1880 als Sohn des späteren Postmeisters in Itzehoe zur Welt, wuchs aber in Wyk auf der Insel Föhr auf. Und wer von Wasser umgeben ist, braucht irgendwann ein Boot. Karl bastelte seine Erstlingswerke aus Treibgut am Strand oder Fundstücken vom Dachboden. Sein Vater wollte ihn zum Fotografen ausbilden lassen, aber Kameras und Labor fand der Filius nicht so spannend wie eine Bootsbauerlehre bei Johannes Thormählen in Elmshorn. Danach studierte er Schiffbau am Technikum in Bremen, wo er Otto Lürssen kennenlernte, bei

Karl Vertens
Der Schiffbauingenieur gründete seine Werft auf Gut Winning bei Schleswig 1930. Sie bestand dort bis 1986.

dessen Familie er manches Wochenende verbrachte. Mehr noch: Für Ottos Vater, den Werftbesitzer Friedrich Lürssen, fertigte Karl Zeichnungen an, weil sein Freund »damit niemals fertig wurde«.

Seine Wanderjahre führten Vertens zur Neptun-Werft nach Rostock, zur kaiserlichen Werft nach Kiel, aber auch nach Russland, wo er für den Zaren Schiffe zeichnete und baute. Später arbeitete er am Reichsmarineamt in Berlin. Doch bald zog es ihn wieder nach Bremen, weil er sich bei der Lürssen-Werft gute Chancen ausrechnete: Er hatte 1905 mit Anna Katharina Louise eine Lürssen geheiratet. Und er hatte sich beruflich Anerkennung verschafft – von ihm konstruierte Motorboote gewannen viele Preise.

Anstelle der erhofften Teilhaberschaft kam freilich eine herbe Enttäuschung. Sein Schwager Otto, der den Betrieb von seinem Vater übernommen hatte, bot ihm lediglich eine einfache Anstellung an. Verbittert reflektierte Vertens später diese Erfahrung. »Ich hatte ... Lürssen als führende Firma im Motoryachtbau und im Bau von Schnellbooten hochgeführt. Die Herausforderung, ich sollte nur Angestellter sein, brachte mich zur Besinnung.«

Er machte sich selbstständig und gründete im Dezember 1913 die Rolandwerft Vertens & Co. in Hemelingen mithilfe eines Bremer Investors. Statt des erwarteten Auftragsbooms aber gab es Krieg, und statt Yachten baute die Werft Torpedoboote für den Kaiser. Nach Kriegsende wurde es nicht einfacher. Nur mit Mühe konnte Vertens den Betrieb über Wasser halten, unter anderem durch Reparaturarbeiten an Waggons. Das machte ihm so sehr zu schaffen, dass ihm sein Arzt zu einer Auszeit riet.

Vertens fasste den Entschluss, sich von der Werft zu trennen, um auf Gut Winning an der Schlei als Landwirt und Viehzüchter neu anzufangen. Der Tapetenwechsel tat ihm gut. Nur von Booten konnte er nicht lassen. »Immerhin war dieser Zustand der angenehmste, der sich denken lässt«, notierte er später: ein wunderschöner Wohnsitz, dazu mit wenig Aufwand, mehr als »Hobby, etwas Bootsbau mit etwas zusätzlichen Einnahmen als Taschengeld.« Karl Vertens baute sich »nacheinander vier Segelyachten«, darunter ein erfolgreicher Sechser, von dem sein eigenes Tourenboot *Winning III* inspiriert war, ein schlanker, wohlproportionierter Seekreuzer, der heute exquisit restauriert im Urzustand segelt.

Den Anstoß zum Bootsbau auf dem Bauernhof lieferten schwedische Kunden, die er noch aus seiner Bremer Zeit kannte. Um den Auftrag zu erfüllen, teilte er die Scheune, schaffte Werkzeuge an und stellte Mitarbeiter ein. Nach anderthalb Jahren Bauzeit war die 25-Meter-Motoryacht zum Stapellauf bereit. Dafür mussten zwischen Stall und Strand etwa 350 Meter Gleise verlegt werden. Aber: »Nichts lief, wie es sollte«, erinnerte sich Sohn Fritz, der bald in Karls Fußstapfen treten sollte. »Ich sehe meinen Vater stehen, wie er vor Schreck die Hände hochwarf und vor die Augen hielt.« Es war eine Komödie von Missgeschicken, die den Prozess in die Länge zog. Statt der erhofften zwei Stunden dauerte es geschlagene zwei Tage, bis das Boot endlich Wasser unterm Kiel hatte. Doch dann stand fest: Karl Vertens war wieder im Geschäft. Und er sollte auch wieder eine Werft bauen, keinen Kilometer vom Gutshof entfernt.

Im Yachthafen von Klensby herrscht an diesem windigen Herbsttag geschäftiges Treiben: Es ist Saisonschluss, und Schiffe werden im Taktbetrieb gekrant – ab in die Lagerhalle, durch das große, grüne Tor, über dem heute »Stollerwerft« steht. Es ist der Betrieb, in den Vertens 1942 umzog und in dem er Barkassen, Torpedofangboote und Prototypen für Tragflügelboote konstruierte.

Nach dem Krieg übernahm Sohn Fritz die Leitung der Werft. Anfangs wurden hier Fischerboote gebaut, doch bald verließen wieder Freizeitschiffe die Halle, wie die aufsehenerregenden Tragflügelboote vom Typ Wing. Eines dieser Runabouts ging an den griechischen Reeder Aristoteles Onassis, größere Varianten in die USA und nach Südamerika. So wurde der Name Vertens weit über die Landesgrenzen hin hinaus für Innovation bekannt. Dabei war das Tüfteln integraler Bestandteil der Vertens-Genetik.

Auch Motorboote *aus dem Hause Vertens genossen einen guten Ruf und hatten eine treue Fangemeinde.*

Noch heute *werden Klassiker aus dem Hause Vertens von ihren Eignern geliebt, gepflegt und gesegelt.*

Karl hatte schon in Bremen ein Klappboot erdacht, das sich als Dingi leicht verstauen ließ. Wie Nat Herreshoff in den USA führte auch Vertens früh Schlepptests mit Modellen durch, um verschiedene Rumpfformen zu studieren. Er setzte auf Sperrholz, weil er erkannte, dass damit leicht und robust zu bauen war. Und er liebte Experimente, wie zum Beispiel die herausnehmbare Cockpitwanne auf der Familienyacht *Pik-Dame*, die als Dingi eine Doppelfunktion hatte.

Dennoch war die Wachablösung schwierig, weil Vater und Sohn unterschiedliche Vorstellungen vom Geschäft hatten. Wieder so ein Bruch. »Als ich Fritz die Werft übergab«, schrieb Karl, »hatte ich das unter der Bedingung getan, daß er meine Ratschläge berücksichtigen sollte. Er hat sie gar nicht eingeholt.«

Auch der Wechsel vom Baustoff Holz auf Kunststoff, der sich Anfang der 1960er-Jahre anbahnte, lastete auf dem Betrieb. 1962 kam es zum Konkurs, aus dem die Ostsee-Werft hervorging, mit Karl als Kommanditisten und Grundstückseigentümer. Mit seegehenden Motoryachten, die sich unter dem Namen Vertenskreuzer gut verkaufen ließen, fand das Unternehmen in die Erfolgsspur zurück und stellte auch Zugvögel, Folkeboote und KR-Yachten her.

Gleich neben der Stollerwerft steht ein Holzhaus, in dem früher Werftarbeiter wohnten. Dort lebt heute Bengt Vertens, der Sohn, der aus der Beziehung Karls mit Mathilde Süberkrüb stammt, die nach dem Krieg auf Gut Winning zum Personal zählte. Als gelernter Bootsbauer hat Bengt viel übrig für das Schaffen seines Vaters. Wunderbare Halbmodelle aus Holz zieren seine Stube, auch eines vom ursprünglichen Vertenskreuzer. Im Büro nebenan türmen sich Fotoalben, alte Prospekte, Pläne und Aufzeichnungen.

Als Bengt 1954 auf die Welt kam, war sein Vater erstaunliche 74 Jahre alt. Es war, so deutet er an, eine schwierige Situation, die zu Spannungen in der Familie führte, welche sich erst im Laufe der Zeit legten. Auch wenn Karl an seiner Ehe festhielt, stand er zu der Beziehung mit Mathilde und der Verantwortung für seinen spätgeborenen Sohn. »Ich sehe meinen Vater anders als meine Halbgeschwister, die ihn strenger in Erinnerung haben«, sagt Bengt. »Eigentlich ging er Konflikten aus dem Weg. Aber das hatte Grenzen.«

Bald nach der Geburt Bengts zog Mathilde mit dem Kind nach Föhr, wo Karl aufgewachsen war. Der hatte Gut Winning verkauft und in Wyk ein kleines Hotel gebaut, als Heim und Lebensgrundlage für Mutter und Kind. Karl selbst blieb an der Schlei, zog in ein kleineres Haus, in dem er vertraglich Wohnrecht auf Lebzeit hatte. Und er fand auch noch Zeit zum Segeln. »Ich baute mir drei Segelboote, mit denen wir schöne Fahrten gemacht haben«, schrieb er an Bengt. »Mit dem ersten Kielschwertboot waren wir in Wyk und segelten zur Hallig Oland und nach Amrum.«

Vertens starb im Alter von 93 auf Gut Winning, geistig fit bis zuletzt. »Er war Neuem stets aufgeschlossen und hatte selbst daran teil«, sagt Bengt. Das Talent mag ihm in die Wiege gelegt worden sein. Doch den Erfolg musste sich Karl Vertens stets hart erarbeiten. Er blieb dabei nie stehen, nutzte seine Chancen und hatte auch den Mut, mit Konventionen zu brechen. Damit reiht er sich ein unter die bedeutendsten deutschen Konstrukteure seiner Zeit – auch wenn sein Name nicht zu den ganz großen zählen mag.

16
16

Vertenskreuzer
Offiziell als 30-qm-Einheitskreuzer des DSV bezeichnet, entstand das Boot 1932 und wurde rund 20-mal gebaut.